# 색채와 조명디자인

안옥희 김현지 공저

기문당

# 머 리 말

"百聞不如一見"이라는 말이 있다. 아무리 상세하게 사물을 언어로 표현해도 부족함이 있으므로 직접 눈으로 한 번 보는 것이 더 많은 정보를 얻을 수 있다는 의미이다. 이런 경험은 일상에서도 많이 하고 있다. 실제로 우리는 오감을 통해 얻는 정보 중 87%를 시각을 통해 얻고 있으므로 시각적 커뮤니케이션의 수단인 색채와 조명은 우리의 일상생활에서 필수적인 요소이다. 특히 추상적인 이미지를 형상화하여 시각적인 표현을 하는 실내디자인 영역에서는 더욱 중요하다.

21세기의 키워드 중 하나가 디자인이며, 디자인의 기초과정에서 반드시 습득해야 하는 것이 색채와 조명에 관한 지식이다. 이에 국가인정 자격증제도로 컬러리스트를 도입하여 색채와 관련된 여러 분야에 필요한 색채디자이너의 양성에 국가가 힘을 쏟고 있으며, 실내디자인 관련학과에서 색채에 관한 과목을 필수적으로 다루고 있다. 한편, 색은 빛이 있어야 지각할 수 있으므로 색채와 조명은 감각적인 영역이 다를 뿐 지각적인 측면은 매우 유사하여 마치 손등과 손바닥의 관계와 같이 따로 떼어내어 설명하기 힘들 정도이다. 즉 색채와 조명에 대한 지식은 함께 익히는 것이 그 효과가 배가 된다. 그럼에도 불구하고 색채의 기초가 되는 빛환경 또는 조명디자인에 관한 교육은 상대적으로 열악한 실정이다. 이는 조명영역이 색채영역보다 필요도가 낮기 때문이라기보다는 교과과정의 운영여건상 시간적 제약이 있기 때문이라고 생각한다.

이에 색채영역과 조명영역을 통합한 저서가 필요하다는 생각으로 본서를 엮었다. 이 책의 구성은 총 4장으로 구성되어 있다. 제1장은 시각과 색각의 기초적인 이론, 제2장은 색채디자인, 제3장은 조명디자인, 제4장은 색채와 조명디자인 실습을 내용으로 하고 있다. 색채와 조명디자인은 이론적인 내용보다는 실습을 통한 감각훈련이 특히 중요하다. 그러므로 제1장부터 제3장까지의 기초적인 이론부분을 익힌 후에는 하나의 예시로 제시한 제4장의 내용을 비롯한 다양한 실습을 하도록 권장한다.

본서가 완성되기까지 많은 분들의 도움이 있었다. 먼저, 그래픽작업을 해주신 이상헌 교수님께 특별히 감사드리며, 흔쾌히 사진자료의 사용을 허락하신 많은 분께 감사드린다. 그리고 많은 연구자와 디자이너들의 귀한 자료를 발췌하여 사용함에 있어 일일이 다 허락받지 못한 경우도 있으나, 후학들을 위한 도움을 기쁘게 주실 것으로 믿으며 감사드린다. 또한 출판과정에서 색채의 재현성을 높이고자 무리한 요구를 하였음에도 불구하고 이를 불평하지 않고 받아주신 기문당과 높은 출판비용을 감수해 주신 강해작사장님께 감사드린다. 늘 든든한 힘이 되어주는 제자들과 가족에게 큰 사랑을 전한다.

2008년 2월 압량벌 연구실에서

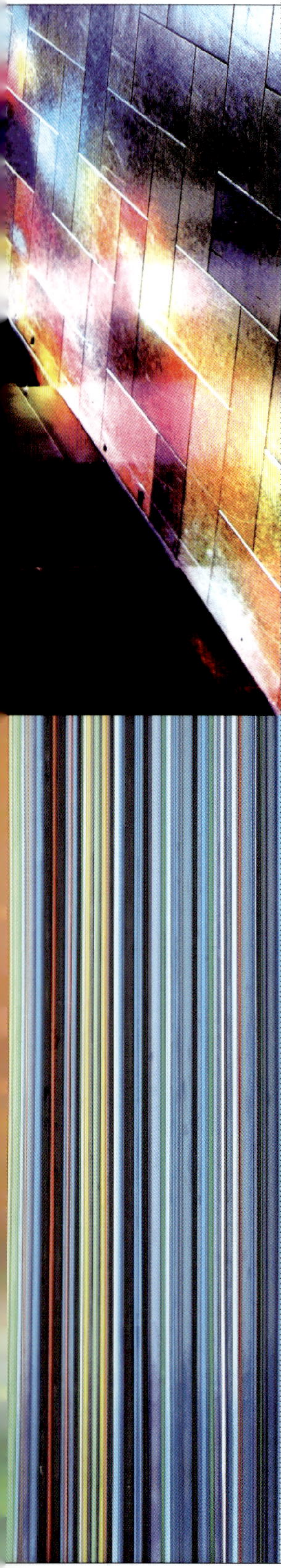

# Content

제 1 장

# 시각과 생각

# 1-1 빛의 특성

빛은 전자 복사의 일종으로서 우리가 사물을 볼 수 있도록 해 주는 중요한 매개체이다. 자연계는 태양의 빛이나 인공적인 빛이 사물을 비출 때 눈에 보인다. 이는 빛 에너지의 일부가 눈에 들어와 두뇌에 의해 해독됨으로써 사물의 특정한 크기, 움직임, 거리, 모양, 색과 형태를 구별할 수 있게 해 준다. 우리의 주변 환경을 비추는 빛의 특성(밝기, 사물을 비추는 빛의 각도 등)은 우리가 환경을 인지하는데 큰 영향을 준다.

빛은 단순히 주위를 밝게 하는 기능 외에도 공간을 돋보이게 하는 공간 연출을 하고,안전성을 향상시키며 인간의 감정을 자아내는 환경요소이다.

## 1-1-1 빛의 분류

■ 일반적으로 빛이란 수많은 전자파 중에서 눈으로 지각할 수 있는 약 380~780nm 범위의 전자파인 가시광선을 말한다. 가시광선은 색지각을 일으키는 데 필수적인 요건이며, 각 파장마다 사람의 눈이 느끼는 감도를 시감도(視感度)라고 한다. 그리고 380nm보다 짧은 파장의 영역에는 자외선(UV방사), X선, γ선, 우주선 등이 있고, 780nm보다 긴 파장의 영역에는 적외선(IR방사), 레이저, TV, 라디오, 전파 등이 있다. 파장의 단위는 일반적으로 nm(nanometer), Å(angstram)이 사용된다.

■가시광선 사이의 파장으로 나타낸 것은 현대의 정상인을 기준으로 한 범위

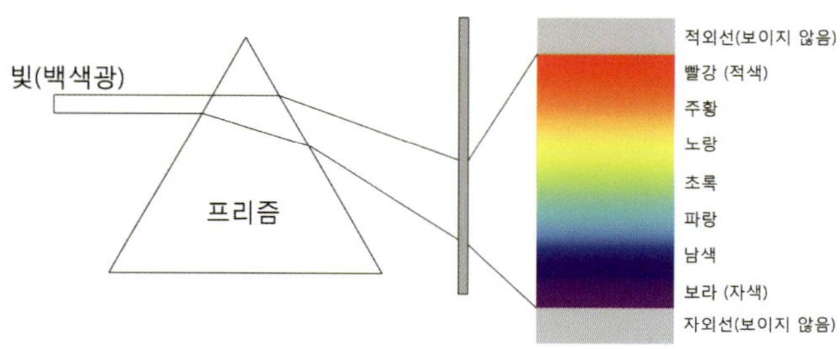


그림 1-1 프리즘을 통한 빛의 분해

이지만, 극단적인 환경여건에서 생활하는 사람들은 330nm의 자외선부나 1,000nm 부근의 적외선부에서 약간씩 색을 느낄 수가 있다.

고대 그리스 회화는 검정과 하양을 제외하고는 오로지 노랑과 빨강의 두 색만을 주로 사용하고 있다. 오늘날 우리들이 볼 수 있는 초록, 파랑, 보라와 같은 짧은 파장의 색(390~550nm)을 고대인들이 거의 표현하지 않았다는 것은 단순히 물감이 없었기 때문이 아니라 고대인들이 색맹이었을 것이라는 추측을 하게 한다.

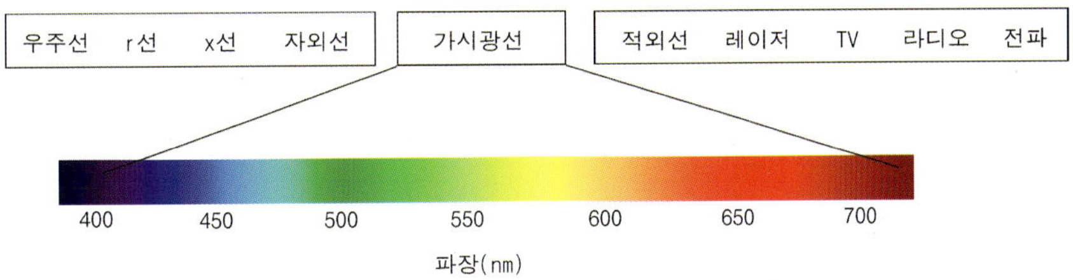


그림 1-2 가시광선

### 1-1-2 빛의 입자설과 파동설

■ 빛이 파동의 일종이라는 추론은 아리스토텔레스에 의하여 주장되어 왔으나 빛의 파동설이 실증적 근거로 확립된 것은 19세기 초이다. 빛의 파동설과 입자설의 대립은 네덜란드의 물리학자 호이겐스(Huygens)가 제창한 빛의 탄성파설과 뉴턴(Newton)이 제창한 미립자설이 계기가 되었다. 그 당시에는 뉴턴의 권위가 호이겐스의 설을 눌러버렸으나 파동설도 전면적으로 부정된 것은 아니었다. 오히려 파동설 쪽이 물리현상을 설명하는데 보다 타당성을 가지고 있다고 생각되어 후에 빛의 간섭을 발견한 프레즈넬(Fresnel)과 편광을 발견한 말뤼스(Malus) 등에 의하여 정밀한 실험을 통해 파동설이 주장되었다.

■ 파동설은 빛을 음파와 같이 탄성파로 생각하고, 그 매질로서 에테르라는 탄성체를 가정하였는데, 이러한 물질을 가정하는 데는 물리적으로 많이 곤란했다. 이 후 맥스웰(Maxwell)이 전자기파의 존재를 이론적으로 유도하여 그 속도가 광속도와 일치함이 발견되어 빛의 전자기파설이 확립되었고, 빛의 매질은 공간 그 자체이고 물질을 매질로 생각할 필요가 없음이 아인슈타인의 특수상대성이론에 의하여 명확해졌다. 이 생각은 후에 콤프턴효과(compton effect) 등에 의하여 확인되었지만, 한편으로는 빛을 파동으로 생각함으로써 설명되는 현상도 있어, 당시의 물리학자는 입자설과 파동설의 모순에 고민하였다.

■이 전자기파설은 빛에 관하여 그때까지 알려져 있던 많은 현상을 설명하고 물질과 빛의 상호작용에 관하여 많은 사실을 밝혔지만 광전효과(光電效果)와 같이 전자기파설로는 설명이 되지 않는 현상도 있었다. 이 모든 문제를 해결한 것이 아인슈타인의 광양자설(光量子說)이다. 즉 빛은 연속적인 파동으로서 공간에 퍼지는 것이 아니라 입자(粒子: 광전자)로서 불연속적으로 진행한다는 것이다. 미시적 세계에서의 자연의 본질적인 이중성이 분명해져 빛은 전자기파로서 움직이지만 원자 차원에서의 에너지의 주고받음이 문제로 될 때에는 광자(光子: photon)라는 입자적 성격을 가진 에너지의 알맹이로 현재는 보고 있다.

### 1-1-3 빛의 직진과 반사 및 굴절

빛은 매개체를 통과하면 속도가 늦어진다. 그런데 이 빛이 매개체를 통과해서 다시 공기 중으로 나오면 빛은 그 본래의 속도로 되돌아간다. 이와 같은 빛의 속도 변화는 빛의 법칙 중 하나이다. 즉 빛은 광원에서 모든 방향으로 방사하여 직진하고 이때 빛의 에너지는 광원에서 멀어지는 만큼 넓어진다. 그리고 빛이 어떤 매개물질을 진행하다가 물체의 표면에 닿으면 반사, 굴절하는 현상이 발생한다.

#### 1) 직진

■빛의 직진이란 광원으로부터 나온 빛이 물질을 향해 곧게 나아가는 성질을 말한다. 빛이 실제로 어떻게 이동하는가를 눈으로 보는 것은 불가능하지만 자동차의 전조등이 비친 것을 보거나, 문 틈 또는 숲 사이로 햇빛이 비칠 때, 또는 어두운 곳에서 빛을 비추어 보면 빛이 똑바로 직진하는 것을 알 수 있다.

■알하젠(Alhazen)은 태양이 텐트의 작은 구멍을 통과할 때 반대편 벽에 상하가 바뀐 바깥의 장면을 비추는 실험을 통해 빛이 직진한다는 것을 입증했다. 빛이 전파되어 갈 때 빛을 가로막은 물체가 있으면 이 물체와 같은 꼴의 그림자가 생기는 것도 빛이 직진하는 속성 때문이다.

#### 2) 반사

■빛이 물체에 도달하면 일부는 흡수되고 나머지는 산란된다. 반사는 산란의 특수한 형태로 진행 중인 빛이 물체의 표면에 도달하면 벽에 부딪히고 튕겨나가는 공처럼 이동 방향을 바꾸어 되돌아가는 것을 말하며, 빛이 표면에 입사한 각

도와 반사각이 같게 된다. 모든 빛은 물체에 닿으면 반드시 반사하며 반사된 빛은 색의 형태로 사람의 눈에 인지된다.

■ 금속면이나 거울면처럼 물체의 표면이 매끄러운 면에 닿으면 일정한 방향으로 규칙적인 정반사가 발생(거울면 반사라고 함)하고, 콘크리트나 거친 질감을 갖는 울퉁불퉁한 물체의 표면에 닿으면 난반사가 발생한다. 특히 확산성이 있는 물체의 반사면에 입사한 빛은 모든 방향으로 확산, 반사하게 되는데 이를 확산반사라고 한다.

일상생활에서 우리 눈에 여러 가지의 현상이 보이는 것은 햇빛이나 불빛이 물체의 표면에 닿아 불규칙하게 확산성의 난반사를 일으켜 눈에 들어오기 때문이다.

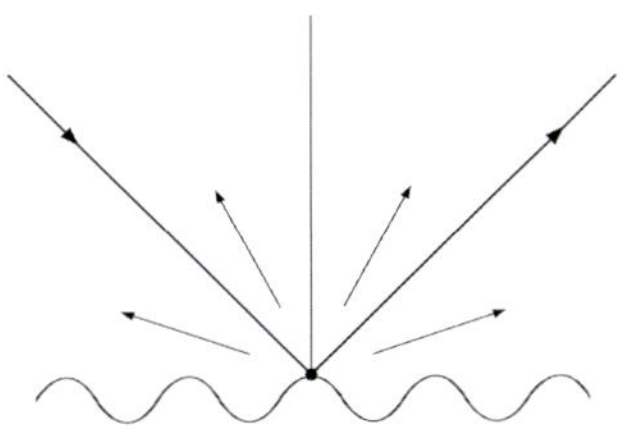

그림 1-3 확산성의 난반사

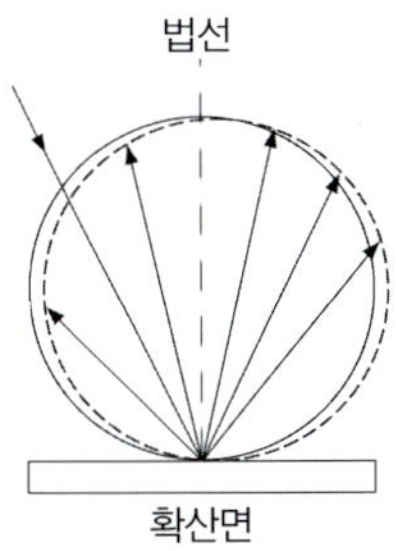


그림 1-4 확산반사

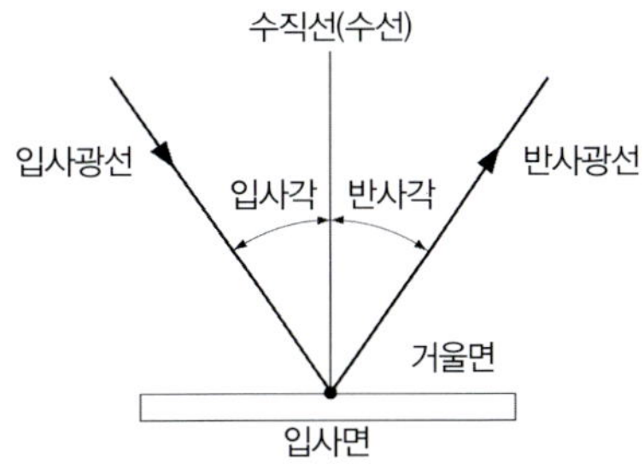


그림 1-5 입사각과 반사각

### 3) 굴절

■ 굴절은 빛이 다른 매질로 들어가면서 파동의 진행 방향이 바뀌어 일정한 각도로 직진하는 것을 말한다. 카메라의 렌즈나 사람 눈의 수정체도 평행하게 들어온 빛이 통과하면서 굴절현상이 생겨 빛이 꺾여 초점으로 빛이 모아지게 되는데, 이러한 빛의 굴절현상은 광학기계 작동의 중요한 기본이 된다.

■ 빛이 굴절되는 정도는 매질의 특성과 파장에 따라 다르다. 파장이 짧을수록 꺾이는 정도가 커지게 되는데, 이를 이용한 것이 프리즘이다. 태양광을 프리즘으로 통과시키면 빛이 파장별로 분산된다. 무지개는 공기 중의 수증기 입자가 프리즘처럼 작용하여 가시광선을 공기 중에서 파장별로 분리시켜 나타나는 것이다. 이렇게 파장별로 굴절률이 다르기 때문에 색수차가 발생하게 된다. 카메라나 현미경 또는 돋보기를 보면 물체 주변으로 무지개 스펙트럼 같은 흐린 영상 이미지가 보이는 경우가 있는데, 이런 현상이 색수차에 의한 색번짐 현상이다.

:: 굴절현상의 예 : 자연 상태에서는 아지랑이, 별의 반짝임, 공기 중의 빛이 물이나 유리 속으로 비스듬히 들어갈 때, 물이 담긴 유리컵에 젓가락을 넣으면 젓가락이 꺾인 것처럼 보이는 것

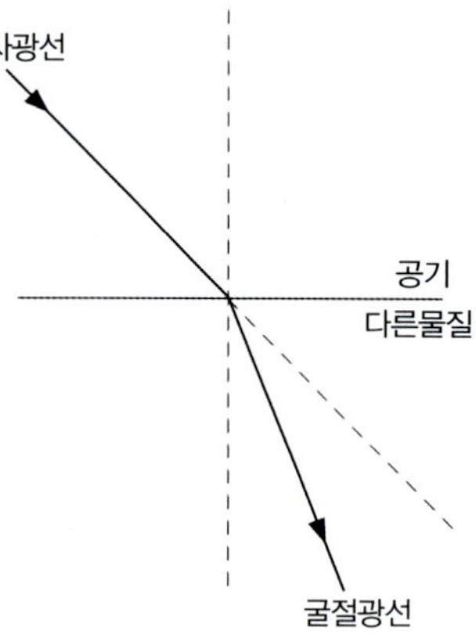


그림 1-6 빛의 굴절

# 1-2 빛과 시각

## 1-2-1 눈의 구조

눈은 안구와 시신경으로 구성되어 있다. 안구의 외측은 3층의 피막으로 덮여 있으며, 안구 뒤쪽으로 시신경과 연결되어 있다. 보통 구상체로 되어 있으며, 성인안구의 평균 지름은 24mm이다. 안구는 사물의 형태와 밝기 및 색채를 시각으로 지각하는 기관으로서, 그 구조는 사진용 카메라와 유사하다.

:: 눈과 카메라의 비교
각막 – 필터, 홍채 – 조리개, 망막 – 필름, 수정체 – 렌즈, 모양체 – 줌, 맥락막 – 셔터

### 1) 각막(Cornea)

눈 중에서 입사하는 빛을 가장 많이 수렴하는 곳으로 눈의 가장 앞쪽에 위치하여 안구를 보호하며 볼록렌즈 역할을 한다.

각막은 투명한 조직으로 되어 있으나 각막 바로 뒷면에 위치한 홍채의 색깔로 인하여 검게 보인다. 만일 각막이 손상을 입었을 경우에는 치명적으로 실명할 수도 있는 매우 중요한 부분이다. 각막의 모양은 탁구공과 같은 정구형을 이루고 있어야 하는데, 계란과 같은 모양을 하고 있을 경우에는 각종 난시를 유발하는 원인이 되며, 대부분의 난시안은 각막난시가 주된 원인이다.

### 2) 공막(Sclera)

공막은 전면에서 보았을 때 검은 동자를 제외한 눈의 흰자 부위를 말하며, 공막의 뒤쪽 끝에서는 시신경이 연결되어 있으며 안구의 형태를 유지하고 있다. 공막의 위에는 매우 얇고 민감한 조직인 결막이 있으며, 이 결막 속에는 많은 혈관이 있다.

소프트 콘택트렌즈를 착용하면 렌즈의 가장자리가 공막 위에 있게 되므로 눈의 전면에서 관찰할 수 있다.

### 3) 홍채(Iris)와 동공(Pupil)

홍채의 색깔은 멜라닌 색소의 정도에 따라 결정되므로 인종에 따라 다른 눈의 색깔이 나타난다. 카메라의 조리개처럼 렌즈에 들어온 빛을 조정하기 위한 것은 홍채이며, 이를 둘러싸고 있는 구멍은 동공이다. 동공의 직경은 밝은 곳에서는 최소 2mm, 어두운 곳에서는 8mm이다. 40대 이후에 노안을 느끼는 사람들은 동공이 더 커져 근거리 작업시 더 많은 양의 수정체 조절력이 필요하게 된다.

:: 동양인과 달리 서양인의 눈동자 색은 각양각색이다. 청색, 녹색, 갈색 등 눈동자 색은 피부색과 마찬가지로 홍채 안에 있는 갈색 색소인 멜라닌의 양에 따라 결정된다. 모든 인종을 망라하고 멜라닌이 가장 집중된 곳은 눈동자이다. 이러한 눈동자 색과 시감도는 상관이 없다. 왜냐하면 시세포는 홍채에 있는 것이 아니라 망막에 있기 때문이다. 안옥희팀이 연구한 한미대학생의 색지각에 관한 연구(2002)에서도 색지각에 한국과 미국 대학생의 눈동자 색은 전혀 영향을 주지 않는다는 사실을 밝히고 있다.

### 4) 모양체(Ciliary body)와 맥락막(Choroid)

모양체는 홍채에 혈액과 영양을 공급하는 역할을 하며, 수정체의 두께를 변화시켜 가까운 곳과 먼 곳을 지각하게 한다.

맥락막은 풍부한 색소를 함유하고 있으며, 공막으로 입사하는 빛을 차단하여 안구 내부를 어두운 상태로 유지시키고 망막에 영양을 공급한다.

#### 5) 망막(Retina)

망막은 렌즈를 통과한 빛이 상을 맺는 필름의 역할을 하며, 투명한 신경조직으로 약 0.3mm 정도이다. 황반(macular)은 안구 가장 뒤쪽에 위치한 시신경 유두에서 약 3m 바깥쪽 아래에 타원형의 함몰부이며, 중심와(fovea)는 황반의 중앙에 가장 함몰되어 점상(占相)반사가 나타나는 부위이다. 이 중심와에서 상이 맺어질 때 가장 선명한 시력이 나오게 된다.

망막에는 간상체(rod)와 추상체(cone)라는 2가지 종류의 세포가 있다.

① 간상체는 길이 약 0.6mm의 가늘고 긴 세포로 어두운 곳에서 물건을 볼 때 작용하며, 명암정보를 처리하며 수는 약 1억 3천만 개 정도로 망막의 주변부에 주로 존재한다.

② 추상체는 길이 약 0.35mm의 약간 구형의 세포로 밝은 곳에서 물건을 보는데 작용하며, 색채정보를 처리하며 수는 약 7백만 개로 망막의 중심 부근에 가장 조밀하고 주변으로 갈수록 적다.

:: 황반변성 : 황반은 망막의 중심부위로, 특히 추상체가 밀집되어 있어서 중심시력을 담당하는 곳이다. 이러한 황반부에 나이가 들면서 여러 변화가 생겨 연령관련 황반변성(Age-related Macular Degeneration)이 생기기도 한다. 황반변성은 실명도 할 수 있는 무서운 질환으로 주로 50세 이상의 노년층에서 발생하며, 연령 외에 심혈관계 질환, 흡연과의 연관성도 있다. 시야 가운데가 흐릿하다, 시야에 흐릿한 점이 보인다, 직선이 꾸불꾸불해 보인다, 시야 중심에 검거나 빈 부분이 있으면 황반변성이 의심된다. 예방을 위해서는 항산화제의 섭취, 선글라스 착용, 금연, 콜레스테롤이 높은 음식을 피하고 시금치, 녹색채소 등 균형있는 식사를 해야 한다.

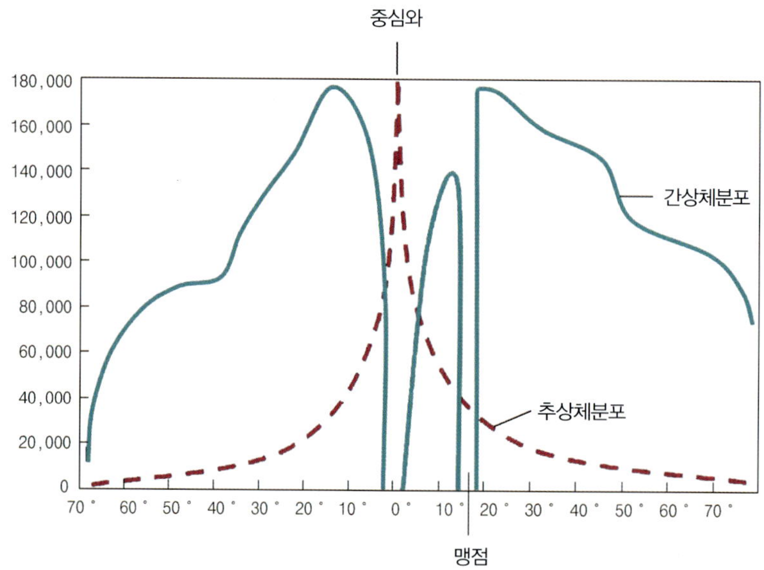


그림 1-7 추상체와 간상체의 분포

### 6) 수정체(Lens)

수정체는 양면이 볼록한 돋보기 형상이며, 눈으로 들어오는 빛을 수렴하여 상의 초점이 망막 위에 맺히도록 한다. 홍채의 바로 뒤에서 모양소대에 의해 매달려 있다. 가까운 물체를 볼 때는 두꺼워지고, 멀리 있는 물체를 볼 때는 얇아진다.

:: 백내장 – 수정체가 혼탁된 것
노안 – 나이가 들어서 수정체를 두껍게 하는 기능이 소실되어 가까운 거리를 명시하는데 어려움.

### 7) 초자체(Vitreous-body)

초자체는 안구 용적의 약 2/3을 차지하고 있으며, 안구 안을 채우고 있는 젤리와 같은 투명한 조직으로 안구의 형태 유지, 망막을 안구 벽에 부착시키는 기능을 한다. 초자체가 혼탁하면 파리나 모기가 눈 앞에서 떠다니는 듯한 비문증이 생긴다.

### 8) 결막(Conjunct iva)

결막은 눈꺼풀의 안쪽과 안구의 흰자 부위를 덮고 있는 매우 얇고 민감한 조직으로, 배상세포와 부누선에서 분비되는 점액 및 누액은 눈꺼풀이 안구 위에서 미끄럽도록 하여 눈을 깜박거릴 때 마찰이 없도록 하는 역할을 한다.

:: 시각의 전달경로
빛 ⇒ 각막 ⇒ 수정체 ⇒ 망막 ⇒ 시신경 ⇒ 대뇌

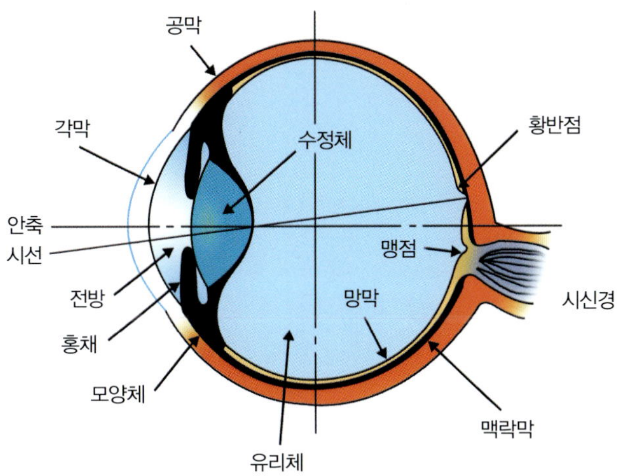


그림 1-8 눈의 단면

## 1-2-2 비시감도

■사람의 눈이 빛을 느끼는 전자파는 380~780nm 파장 범위이며, 555nm의 파장을 가지는 녹색의 빛이 가장 밝게 느껴지며, 이것보다 파장이 길어지거나 짧아지면 빛이 어두워짐을 느끼게 된다. 이처럼 파장에 따라 같은 에너지라도 밝게 느껴지는 정도를 빛의 시감도라고 한다. 눈의 최대감도(555nm)를 1로 하여 다른 파장(380~780nm)에 대한 시감도의 비를 비시감도(比視感度)라고 하고, 이것을 곡선으로 나타낸 것이 비시감도(relative visibility) 곡선이다.

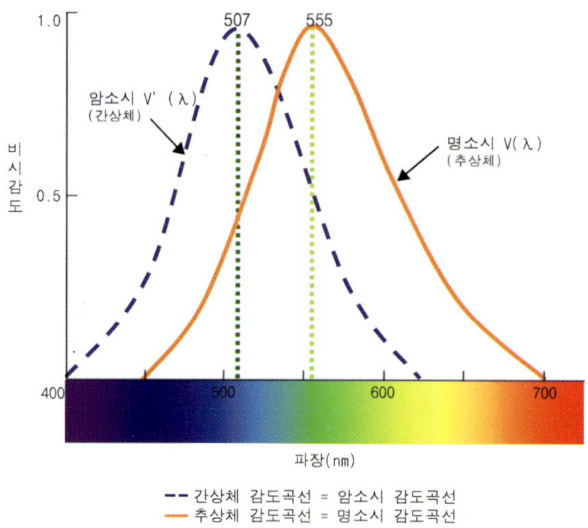


그림 1-9 비시감도 곡선

:: 나트륨램프나 수은등 같은 조명은 극히 연색성이 낮지만 시감도가 높은 파장영역의 빛이 방사되므로 조명효율이 좋아 터널과 광장, 도로 등의 조명으로 많이 사용되고 있다.

■시감도와 관련된 또 하나의 현상인 푸르키녜 현상(Purkinje Effect)은 체코의 생리학자 푸르키녜가 1823년 발견한 데서 명명한 것으로 주간의 시각을 담당하는 추상체 중심의 시지각에서 야간의 간상체로 시지각의 중심이 옮겨가는 과정에서 일어나는 지각 현상이다.

■추상체가 가장 밝게 감지하는 555nm의 명순응시의 최대시감도가, 암순응시에는 간상체가 가장 밝게 감지하는 507nm로 밝기 감지의 중심이 옮겨간다. 따라서 우리가 느끼는 저녁 풍경이나 밤 풍경은 청색을 띠게 되고, 장파장은 밤에 약하므로 저녁에는 적색이 눈에 잘 띠지 않게 된다.

### 1-2-3 시력

■시력이란 눈의 해상 능력을 말하는데, 랜돌트 링의 끊어진 부분을 구분할 수 있는 지의 여부로 표현한다. 일반적으로 시력검사에 사용되는 랜돌트 링은 흰색 바탕에 검은색으로, 그 두께는 1.5mm, 직경 7.5mm, 잘린 부분의 폭은 1.5mm이다. 시력은 랜돌트 링의 잘린 부분을 구분할 수 있었을 때의 잘린 부분의 시각(단위는 분=1/60°)의 역수로 나타낸다. 즉 눈의 분해도가 1분인 경우에는 시력이 1.0, 2분인 경우에는 시력이 0.5가 된다. 랜돌트 링의 경우 약 5m의 거리에서 구분할 수 있으면 시력은 1.0이 된다.

■시력은 대상물이나 그 배경의 휘도에 따라 크게 영향을 받는다. 일반적으로 대상물의 밝기가 밝으면 시력이 높아진다. 그러므로 랜돌트 링과 같이 흰 바탕의 검은 문자를 읽을 때에도 대상과 배경의 휘도대비가 클수록 시력이 높아진다. 인간의 시력은 밝으면 밝을수록 높아지지만, 그 상한치는 일반적으로 2.5 정도이다.

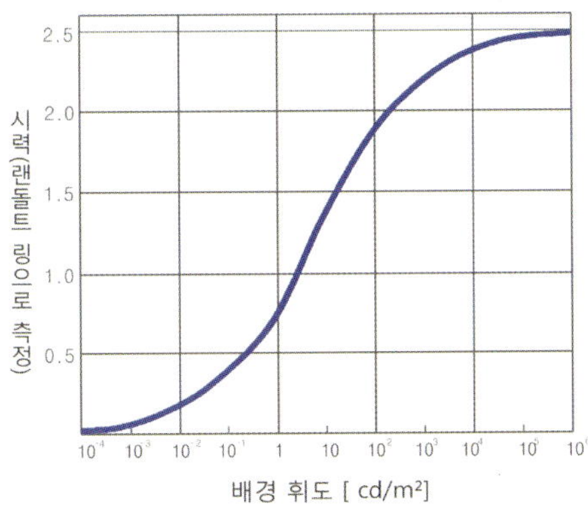


그림 1-10 밝기와 시력

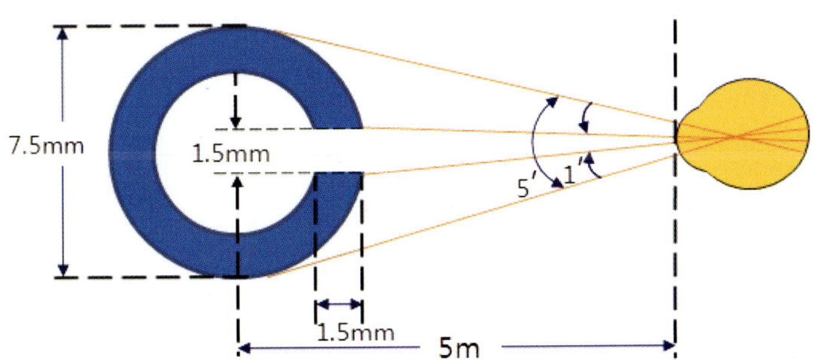


그림 1-11 시력이 1.0일 때의 조건

■사람의 시력은 나이에 따라 변화한다. 태어난 직후의 시력은 불과 0.25 정도이며, 그 후 시력이 점점 좋아져 10대(17세)에 최고가 된다. 이때의 눈의 근육이 최고의 탄력을 갖고, 눈동자도 최대로 커져서 최대한의 빛을 받아들일 수 있다. 그러나 20세가 되면 쇠퇴 현상이 일어나고, 그 뒤부터는 서서히 저하되며 50대 이후에는 급속하게 저하된다. 70대가 되면 원거리 시력이 심하게 약해지며 색깔도 달리 보인다. 파랑색은 더욱 진하게 보이나 노랑은 선명도가 떨어져 보이고 보라색을 보는 능력은 잃어버리게 된다.

■수정체가 가장 두꺼워졌을 때 물체가 뚜렷하게 보이는 점, 즉 초점이 맞는 가장 가까운 점을 '근점'이라고 한다. 눈의 긴장을 풀고 우두커니 먼 곳을 보았을 때에 뚜렷하게 보이는 가장 먼 곳의 점, 즉 수정체가 팽창하지 않았을 때 초점이 맞는 점을 '원점'이라고 한다. 즉 노안이란 근점이 점점 멀어지는 것이며 최종적으로는 수정체가 팽창하지 않는 상태로 원점만 초점에 맞게 되는 상태이다.

:: 근점 거리 : 10세는 8㎝ 정도, 20세는 10㎝ 정도, 30세는 20㎝ 정도, 50세는 50㎝ 정도이다.

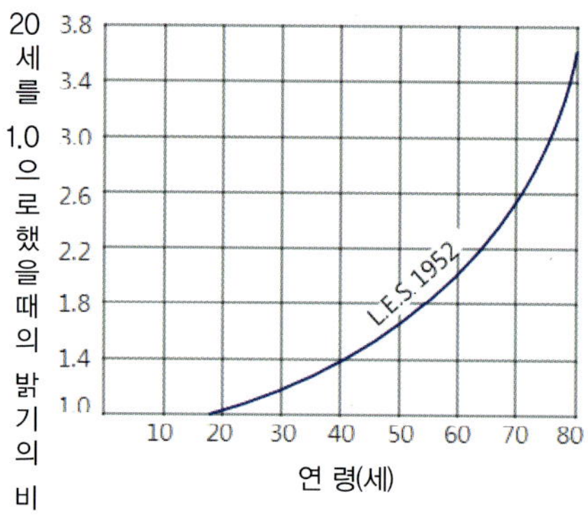


그림 1-12 연령과 시력의 관계

### 1-2-4 명순응과 암순응

■명순응은 주로 추상체가 시야의 밝기에 따라서 감도가 조절되고 있는 상태를 말하며, 명순응이 되어 사물의 모양과 색을 분명하게 알 수 있는 상태를 명소시(photopic vision)라고 한다. 암순응은 간상체가 시야의 어둠에 순응하는 상태를 말하며, 암순응이 끝난 시점에서 눈의 작용을 암소시(scotopic vision)라고 한다. 또한 간상체는 망막의 중심을 벗어나 주변에 분포하고 있기 때문에 관찰 대상을 정면에서 보기 보다는 시선을 비껴서 볼 때에 좀 더 쉽게 지각할 수 있다.

■해가 지는 것처럼 서서히 밝기가 변해가는 경우는 순응에 대해 잘 느끼지 못하지만, 밝기 변화의 속도나 변화의 양이 큰 경우에는 순응현상을 느끼게 된다. 상영중인 영화관에 들어서면 주위가 전혀 보이지 않고, 반대로 영화가 끝나고 밝은 바깥으로 나오면 눈이 부신다. 이런 현상은 밝기의 변화에 대하여 추상체와 간상체의 활동이 바뀌는데 걸리는 시간적인 차이 때문이다. 밝은 곳에서 바로 어두운 곳으로 들어가면서 일어나는 현상인 암순응은 순응이 완전히 끝날 때까지 30분~40분이 필요하며, 반대의 경우인 명순응은 1초에서 수초 정도 만에 순응이 완료된다.

■명순응과 암순응의 특성은 조명설계에 반드시 적용하는 것이 좋다. 조명이 설치되어 있는 터널의 대부분은 출입구 부근에 조명이 집중되어 있고 중심부로 갈수록 조명의 수가 적어진다. 이것은 순응을 고려하여 급격한 명암 차이를 완화시켜 운전자의 눈부심과 사고를 예방하기 위한 설계이다.

그림 1-13　터널의 완화조명

:: 완화조명(緩和照明, adaptational lighting) : 눈의 휘도순응은 어두운 곳에서 밝은 곳으로 옮길 때는 빠르지만 반대의 경우에는 늦기 때문에 터널의 출입구 등에는 외부광도와 내부광도를 점점 줄여서 순응할 수 있도록 조명을 하며, 특히 입구 바로 앞의 도로에도 측벽이나 식수로 휘도를 완화시킨다.

■미술관이나 박물관과 같은 공간의 동선은 입구에서 출구로 일방통행에 가까운 형태이므로 입구부분을 밝게 하고, 실내로 들어감에 따라 서서히 조도를 떨어뜨려 사람들의 눈을 어둠에 순응시키면 전시실의 조도를 많이 높이지 않아도 전시작품을 밝게 보는 것이 가능해진다. 또한 이것은 빛에 의한 전시품의 손상을 막아 작품 보호에도 크게 도움이 된다. 공간규모의 여유가 있는 경우에는 주 전시실 앞에 전실(前室)을 두어 순응을 위한 시간을 확보하는 것도 좋다.

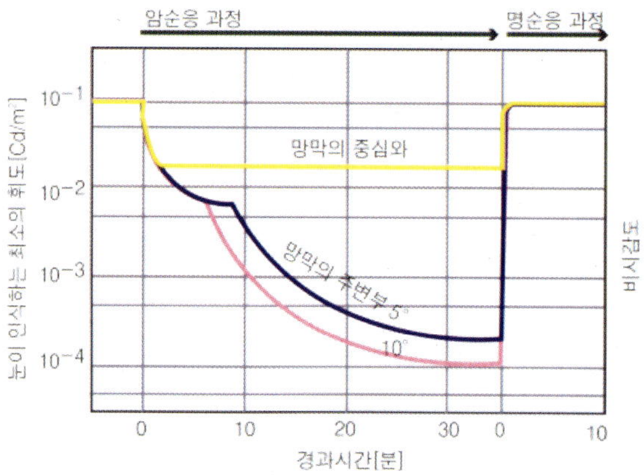


그림 1-14 순응시간

## 1-2-5 명시성과 글레어

### 1) 명시성

명시란 시대상이 보기 쉽고 잘 보이는 것을 말하며, 명시를 위한 기본적인 조건에는 크기, 밝기, 대비, 시간이 있다.

① 크기란 시대상의 크기를 말하며, 시각으로 나타낼 수도 있다. 일반적으로 큰 시각대상일수록 보기 쉽다. 보통의 글자 크기는 3~4mm인데, 이를 읽기 위해서는 250~300mm 정도의 거리가 적당하다. 이를 명시거리라고 한다.

② 밝기란 시대상의 휘도를 말한다. 일반적으로 시대상의 휘도가 클수록 보기 쉽다. 그러나 너무 지나치면 눈이 부셔 잘 보이지 않는다.

③ 대비란 주로 휘도대비를 말한다. 흰 종이에 검은 글자를 쓰는 것은 배경의 휘도가 글자의 휘도보다 크며, 이처럼 시대상(視對象)과 배경간의 휘도차가 클수록 보기 쉽기 때문이다. 검은 종이 바탕에 흰 글자를 썼을 때처럼 배경(검은 종이)의 휘도가 그림(흰 글자)의 휘도보다 작을 때에도 보기는 쉬우나 휘도대비가 너무 지나치면 잘 보이지 않게 된다.

④ 시간이란 시대상을 보는 시간을 말한다. 시대상을 보는 시간이 길수록, 움직임이 느릴수록 잘 보이며 그 시간이 너무 길면 잔상이나 피로에 의한 착각이 일어날 수도 있다.

### 2) 글레어

■글레어(glare : 눈부심, 현휘)는 시야 내에 휘도가 높은 광원, 반사물체 등이 있어 이들로부터의 빛이 눈에 들어와 대상을 보기 어렵게 하거나 눈부심으로 불쾌감을 느끼게 하는 상태를 말한다. 이러한 글레어는 창 디자인이나 주광 이용 시 중요한 요소로 작용한다.

■글레어는 광원의 휘도와 입체각(solid angle)의 영향을 받는다. 따라서 좁은 면적보다 넓은 면적에서 더 크게 영향을 받는다. 또한 배경의 휘도에 영향을 받게 된다. 예를 들어 천장이 어두울 경우 광원과의 휘도차가 많이 나는 반면 밝은 색은 상대적으로 적게 난다. 따라서 글레어를 줄이기 위해 천장은 주로 검은 색보다는 흰색과 같은 밝은 색을 사용한다.

■글레어는 광원과의 위치 관계에 따라 직접글레어(direct glare)와 간접글레어(indirect glare)로 분류된다.

① 직접글레어는 휘도가 높은 물체가 직접 시야 속에 보일 때 발생된다.

② 간접글레어는 휘도가 높은 물체가 직접 시야 속에 보이지 않아도 광택이 있는 표면에 비친 것에 의해 발생하는 글레어로 반사글레어라고도 한다. 반사글레어(reflected glare)는 고휘도 부분이 비추어져 문자 등이 읽기 어렵게 되는 현상이나 광택이 있는 종이 등의 문자 대비를 저하시키는 광막반사 현상 등이 있다. 최근에는 OA기기의 보급과 CRT면에 조명기구의 영상이 비치는 것이 문제가 되고 있다. 따라서 차광각이 깊고 반사판의 휘도가 낮은 OA조명기구를 사용해야 된다.

:: 광막반사(veiling reflection)는 정반사 또는 지향성이 강한 확산반사에 의한 빛이 시대상과 중첩되거나 마치 대상물에 빛의 막이 덮인 듯이 보이는 현상으로, 이 광막반사가 생기면 대상의 휘도대비가 저하하여 시대상물을 보기 어렵다. 반사된 빛이 강하면 반사글레어(reflected glare)가 생기며, 이것은 광택이 있는 면이나 금속면, 유리면에서 창이나 조명기구의 고휘도체가 반사하는 경우에 발생한다. 주로 시선 근처에 위치하므로 주의를 해야 하며 이 반사글레어에는 빛의 방향을 한 방향으로만 반사시키는 경면반사(specular reflection)와 여러 방향으로 확산시키는 확산반사(diffuse reflection)가 있다.

■ 글레어는 기능에 따라 불쾌글레어(discomfort glare)와 불능글레어(disability glare)로 분류된다.

① 불쾌글레어(심리적 글레어)는 눈부심에 의한 심리적인 불쾌감으로, 불능글레어보다 먼저 일어나며 램프가 노출되거나 휘도가 높은 부분이 눈에 보이는 조명기구가 여러 개 설치된 장소에서 일어난다. 또한 불쾌글레어는 불쾌감 유발과 장시간 작업시 피로 증가, 작업능률을 저하시키며 글레어 광원의 휘도 및 면적이 클수록 시선과의 각도 및 작업자의 순응휘도가 작을수록 강하게 느껴진다. 불쾌글레어를 방지하기 위해서는 루버 설치 등으로 휘도가 높은 부분이 보이는 것을 막아야 한다.

:: 불쾌글레어는 심리적인 반응이므로 동일한 자극을 가한다고 할지라도 각각의 상황과 환경에 따라 다른 반응을 보이게 된다. 그러므로 각각의 장소에 대해서 다른 평가를 하여야 하며, 광원과 조명의 휘도뿐만 아니라 발광면적, 광원, 조명기구와 사람과의 위치관계, 사람의 눈에 순응하고 있는 휘도의 순응상태 등에 따라 다르다.

② 불능글레어(생리적 글레어)는 대상물보다 현저하게 휘도가 높은 물체가 존재하면 그 물체에서 안구로 입사하는 빛이 안구 내에서 산란하여 광막휘도가 생기는데 이것의 영향에 의해 보는 사람의 시각의 순응휘도가 등가 광막휘도만큼 증가하고 시각의 감도를 저하시킨다. 이로 인해 대상물의 휘도가 변하지 않아도 사람들이 보기에는 밝기가 저하하여 대상물을 보기 어렵게 되는데 이것을 불능글레어 혹은 감능글레어라고 한다. 불능글레어의 예로는 야간 주행시 맞은편에서 오는 자동차의 헤드라이트를 보는 경우, 주간에 태양을 바라보는 경우 등이 있다. 불능글레어를 줄이기 위해서는 적절한 차폐물과 작업공간과의 적절한 거리를 두는 것이 필요하다.

:: 불능글레어는 광원 혹은 광원과 개구부와의 거리와 각도 등에 영향을 받는다. 이 중 거리에 대한 영향이 큰데, 불능 글레어의 정도는 거리의 제곱에 반비례한다.

# 1-3 색각의 기초

## 1-3-1 색과 빛

### 1) 색의 지각과정

■ 어떤 물체의 색이 보이는 것은 물체 그 자체가 색광을 발하는 것이 아니라 물체가 빛을 받아 일부는 흡수하고 일부는 반사하기 때문이다. 즉 사과가 빨갛게 보이는 것은 다른 색들은 흡수하고 빨간색만 반사하기 때문이다. 검은색은 모든 색을 흡수하고, 흰색은 모든 색을 반사한 것이며, 투명하게 보이는 것은 모든 광선을 통과시킨 것이다.

■ 물체의 색(색감각)은 눈으로 들어와 망막을 자극하여 신경흥분이 일어나고, 다시 제1 시중추에 전달되어 순응, 잔상, 대비 등과 같은 조건반사적인 현상이 일어난다. 이러한 반응은 대뇌의 감각령으로 전달되어 비로소 색을 인식하는 것이 가능하게 된다. 그러면 대뇌 연합령으로 전달된 자극은 그 사람의 경험이나 의식 등과 같은 정신 활동에 따라 색을 의식하고 인지하게 된다. 이와 같이 광원 에너지와 방출로부터 시작된 생리학적 현상은 정신적 현상을 통하여 색을 인지하고 행동으로 옮기게 된다.

■ 빛이 눈에 들어오는 경로는 4가지 분류가 있다.

① 발광체(태양, 조명기구 등)로부터 직접 들어오는 경우이다.

② 물체에 반사되어 오는 경우로서, 광선의 성질이 변하지 않고 바로 반사되는 완전반사와 광선의 파장이 물체의 성질과 작용하여 변화된 반사광인 변화반사, 그리고 수면에 번지는 기름의 표면에 나타나는 것 같이 간섭되어 들어오는 간섭반사가 있다.

③ 물체에 투과되어 오는 경우로서, 이는 투명한 유리 등에 투과

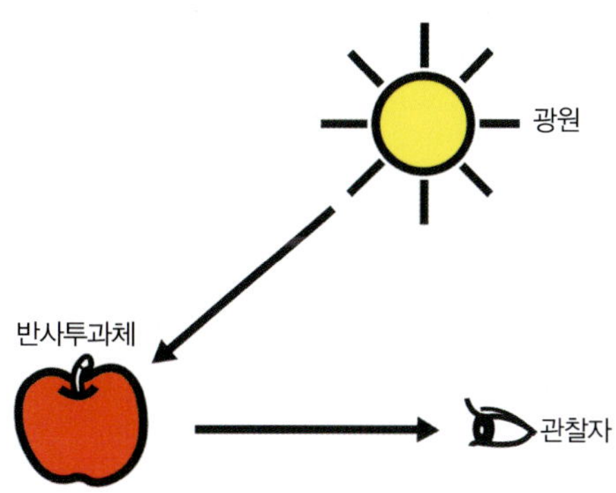


그림 1-15 색의 지각

되어 들어오는 직접투과와 프리즘이나 유리조각 등에 투과되어 들어오는 분해투과가 있다.

④ 외부의 자극 없이 내부적인 원인에 의해서 시신경계의 흥분이 높아져 색을 느끼는 경우로서, 망막고유의 색이다.

#### 2) 연색성

■ 물체색에서 분광반사율은 변하지 않지만 분광분포가 다른 광원으로 비추면 색이 달라 보이는 현상이 있다. 물체색이 보이는 성질을 나타내는 광원의 특성을 연색성(colour rendering properties)이라 하며, 연색성이 높은 광원은 물체 고유의 색을 충실히 재현한다고 볼 수 있다.

■ 램프효율과 연색성은 반비례 관계이므로 연색성을 향상시키면 효율은 나빠지는 경향이 있다. 백열전구의 Ra는 100이지만 효율은 낮다. 형광램프는 주광색, 백색, 은백색 등으로 구별하고, 연색성에 따라 보통형, 연색 개선형 등으로 분류되지만 효율과 연색성은 모순된다. 그 이유는 눈의 시감도가 파장에 따라 다르기 때문이다.

■ 눈의 시감도는 555nm의 황록색이 최대이고, 여기를 정점으로 하는 포물선형으로 변화한다. 따라서 황록색광의 효율이 당연히 높지만, 각 장광을 균등하게 갖는 백색광의 효율은 높다고 할 수는 없다. 형광램프의 분광분포는 원래 황색 성분을 많이 가지고 있기 때문에 효율은 비교적 높지만, 연색성을 향상시키기 위해서는 분포를 균등하게 해야 하기 때문에 효율은 낮아지게 된다. 따라서 효율을 고려해야 하는 경우에는 종종 연색성과의 타협이 필요하다.

**표 1-1 광원의 평균연색평가수(Color Rendering Index, CRI)**

| 광　원 | 평균연색평가수 |
|---|---|
| 백열전구 | 100 |
| 형광램프(백색) | 61 |
| 형광수은램프 | 40~50 |
| 메탈할라이드 램프(고효율성) | 65~70 |
| 고압나트륨 램프(고효율성) | 25 |

**표 1-2 연색분류**

| 연색분류 | Ra | 광원색 | 사용 예 |
|---|---|---|---|
| 1 | Ra≥85 | 차가움 | 직물공장, 도장 · 인쇄공장 |
| | | 중간 | 점포, 병원 |
| | | 따뜻함 | 주택, 호텔, 식당 |
| 2 | 70≤Ra<85 | 차가움 | 사무소, 학교, 백화점, 정밀공장작업(혹서지) |
| | | 중간 | 사무소, 학교, 백화점, 정밀공장작업(온난지) |
| | | 따뜻함 | 사무소, 학교, 백화점, 정밀공장작업(한랭지) |
| 3 | Ra<70 단, 일반 작업실에서는 충분한 허용치를 얻는 연색성을 가질 필요가 있다. | | 연색성이 비교적 중요하지 않은 실내 |
| 4 | 특수한 연색성 | | 특별시설 |

### 3) 색온도

■ 광색에 대해서는 색도좌표로도 나타낼 수 있지만, 일반적으로 그 광색에 가장 가까운 색도를 갖는 흑체의 온도, 즉 색온도 캘빈(color temperature, 기호 K)으로 나타낸다.

색온도는 광원이 방출하는 빛의 색을 물리적인 척도로 나타낸 것으로, 일반적으로 색온도가 낮으면 오렌지색에 가까운 따뜻한 기운이 있는 빛이고, 색온도가 높아질수록 한낮의 태양광처럼 백색이 된다. 더욱 높아지면 청색에 가까운 시원한 빛이 된다.

■ 광원에는 각각 고유한 색온도가 있다. 색온도와 조도 사이에는 쾌적하게 느끼는 상관관계가 있다. 색온도가 높은 광원은 높은 조도를 필요로 하고, 백열등과 같은 색온도가 낮은 광원은 낮은 조도가 아니면 쾌적하게 느껴지지 않는다.

저온에서 에너지의 대부분은 적외 영역에서 나오게 되지만 온도가 상승하면 가시역에서도 나오게 된다. 대체로 1,000K에서는 부분 적색, 2,000K에서는 적색기미의 백색, 3,000K에서도 아직 적색 기미가 있지만 이것에 순응하면 백색이 된다. 3,655K에서 텅스텐이 용해하므로 그곳이 텅스텐 전구의 한계가 된다. 5,000K에서 555nm 부근이 산으로 되어 완전한 백색, 10,000K에 이르면 에너지의 대부분은 자외역에서 발하여 청색기미의 백색이 된다.

■색온도에 의한 조명계획은 일상생활에서 매우 중요하다. 색온도가 낮은(붉은) 빛은 사람의 마음을 여유롭게 하고 안정되게 하며, 반대로 색온도가 높은(푸른) 빛은 긴장감을 돌게 하고 활동적인 경향을 갖게 하므로 이러한 특성을 잘 활용하여야 한다. 광원색에서 따뜻함의 정도는 상관색온도에 대응하고 있으며, 3,300~5,000K는 중간 정도, 5,000K를 넘으면 차갑게 된다.

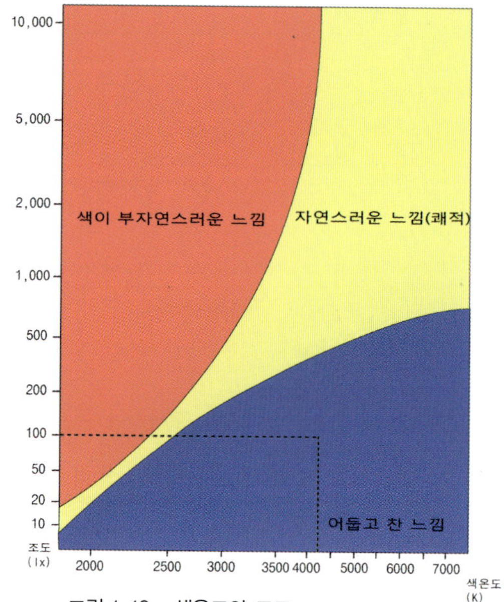

그림 1-16 색온도와 조도

**표 1-3 광원색의 선호**

| 조도[lx] | 광원색 | | |
|---|---|---|---|
| | 따뜻함 | 중성 | 차가움 |
| 500 이하 | 쾌적한 | 중성적 | 자극적 |
| 500~1,000 | ↕ | ↕ | ↕ |
| 1,000~2,000 | 자극적 | 쾌적한 | 중성적 |
| 2,000~3,000 | ↕ | ↕ | ↕ |
| 3,000 이상 | 부자연적 | 자극적 | 쾌적한 |

## 1-3-2 색의 항상성과 색각이상

### 1) 색의 항상성

■햇빛 아래에서 하얗게 보이는 종이는 분광조성이 다른 형광등이나 백열등, 석양 아래에서도 여전히 흰 종이로 보인다. 또한 조명을 강하게 하여도 검은 종이는 검은색 그대로 느껴진다. 이와 같이 조명광이 변하여 물체의 분광방사 특성이 달라져도 색은 비교적 안정적으로 느껴지는데, 이를 색의 항상성이라고 한다.

■색의 항상성은 그 장소의 조명광이 분광특성에 따라 눈의 파장별 반응특성(분광시감효율)이 변화되어 일어나기 때문에 물체에서 반사광의 분광특성이 변해도 거의 같은 색으로 보이는 것이다. 색의 항상성은 작용 조건으로서 그 색이 표면색(물체색)인 것, 시야 속에 보이는 많은 물체가 있는 것, 그러한 물체가 동

일 조명으로 조명될 수 있는 것 등을 들 수 있다. 색의 항상성은 밝기의 항상성에 비하여 강하지는 않지만, 색광의 시야가 크고 시야의 구조가 복잡할수록 항상성이 강하며, 조명이 단색광이고 가까이 있을수록 항상성이 약해진다. 밝기의 항상성은 밝은 물체 쪽이 강하고 어두운 물체 쪽이 약하다.

### 2) 색각이상

■ 건강한 눈은 망막에서 색을 지각하지만, 망막의 결함으로 인하여 정상적으로 색을 느끼지 못하는 경우도 있다. 이를 색맹(color blindness)이라고 하며, 색각이 불완전한 것을 색약(incomplete color blindness)이라고 한다. 이러한 색맹, 색약은 색각이상이며 색각이상(dyschromatopsia)에는 전색맹, 적록색맹, 청황색맹, 색약 등이 있다.

■ 전색맹은 색상의 식별이 전혀 되지 않는 색각이상이다. 전색맹의 경우는 명암만 다소 구별할 수 있을 정도로 정상적인 사람에게서 일어나는 푸르키녜 현상도 나타나지 않는다. 그리고 전색맹의 눈은 언제나 정상적인 사람의 암순응 현상의 상태이며, 빛이 강할 때는 눈이 부셔서 볼 수 없는 현상이 일어난다.

■ 적록색맹은 빨간색과 녹색을 식별하는 능력이 없는 색각이상으로, 녹색에 가까운 청록, 황록, 빨강에 가까운 귤색은 명암만을 느끼게 되어 무채색으로 보이며, 파랑, 노랑 등은 식별이 가능하다. 적색맹은 적록색과 녹색은 식별되나 빨강은 식별하지 못하며, 녹색맹은 그 반대이다. 청황색맹은 파랑, 노랑을 느끼지 못하는 색각이상으로 이 색맹은 매우 드물다.

■ 색약은 밝은 곳에서 채도가 높은 색을 보는 것은 정상인과 차이가 없으나 원거리의 색이나 채도가 낮은 경우에는 식별을 못한다든지, 단시간에 색을 분별하는 능력이 부족한 경우를 말한다.

**표 1-4 색각이상의 단계표**

| 구 분 | 형 질 | 색각이상의 종류 | 구식명칭 |
|---|---|---|---|
| 색각이상 (색맹) | 선천성 | 제1색각이상 | 적색약, 적색맹 |
| | | 제2색각이상 | 녹색약, 녹색맹 |
| | | 제3색각이상 | 청황색약, 청황색명 |
| | | 전색약, 전색맹 | |
| | 후천성 | | 증상에 따라 다름 |

시각과 색각

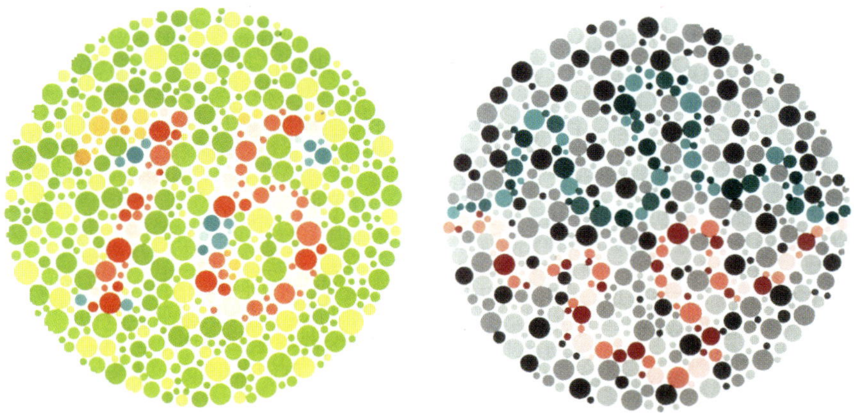

그림 1-17　색맹검사표 (한천석, 한식색맹 검사표)

# 1-4 빛과 색의 측정

## 1-4-1 조명의 단위

### 1) 광속

방사에너지란 전자파로서 전달되는 에너지의 총칭이며, 방사속(W)은 단위시간(1초)에 어느 면을 통과하는 방사에너지이다. 광속(luminous flux, lm)이란 방사속의 파장에 따라 밝게 느끼는 정도가 다르므로 방사에너지에 눈의 시감도(표준비시감도)를 곱한 양을 말한다. 광속은 측정이 쉽지 않으며, 측정치가 이용되는 것을 주로 조명기구의 전광속량을 나타내는 경우이다.

**광속 = 방사속 × 표준비시감도**

:: 380~780nm 이외의 방사, 즉 적외선, 자외선은 조명과 상관이 없다.
예를 들어 555nm는 방사속은 작지만 표준비시감도가 높기 때문에 광속은 크다.

**표 1-5　대표적인 광원의 광속**

| 광 원 | 광속 [lm] |
|---|---|
| 태　양 | $3.6 \times 10^{28}$ |
| 백열전구 40W | 485 |
| 백색 형광램프 40W | 3,000 |
| 형광 수은램프 40W | 1,400 |
| 형광 수은램프 400W | 22,000 |

시각과 색각

### 2) 광도

광도(luminous intensity, cd)란 어느 방향에 대한 빛의 세기, 즉 광원에서 나가는 빛을 말하며 빛은 모든 방향으로 나가지만, 방향에 따라서 빛의 세기는 다르다. 조명 기구의 방향별 방사광의 강도(배광 특성) 등을 표현할 때 이용된다.

**광도 = 어느 면을 통과한 광속/ 그 면의 입체각**

**입체각 : 한 점에서 본 어느 면적에 대한 공간적 넓이의 비율**

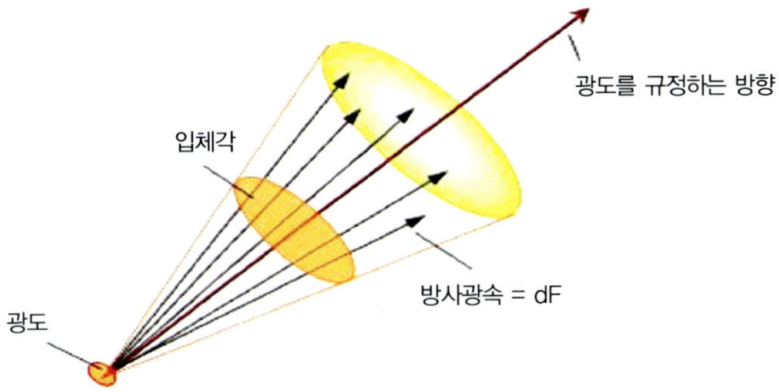


그림 1-18 광도

**표 1-6 대표적인 광원의 광도**

| 광 원 | 광도[cd] |
|---|---|
| 태 양 | $2.8 \times 10^{27}$ |
| 백열전구 40W | 40 |
| 백색 형광램프 40W | 330 |
| 형광 수은램프 40W | 110 |
| 형광 수은램프 40W | 1,800 |

### 3) 조도

■ 입사하는 광속을 단위면적당의 크기로 환산하여 밀도로 나타낸 것이 조도(illuminance)이며, 입사하는 광속의 양이 커도 입사면의 면적이 넓으면 그 면이 반드시 밝다고 할 수는 없다. 단위는 룩스(lx=lm/m²)로 표시한다.

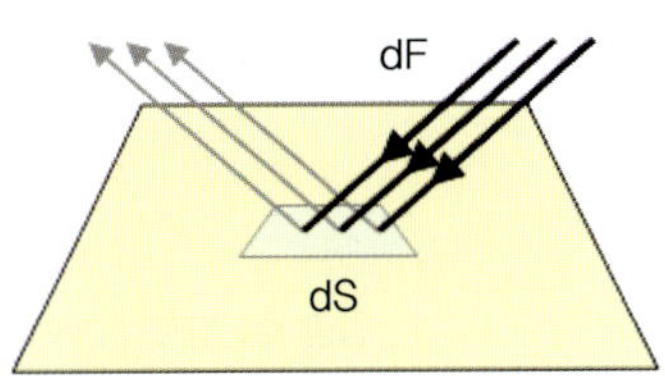


그림 1-19 조도

■ 조도는 측정이 비교적 쉽기 때문에 건축공간의 빛환경을 측정하는 목적으로 자

주 사용된다. 또한 입사면의 광학적 성질의 영향을 받지 않기 때문에 설계단계에서 공간의 빛환경을 검토하는 경우에도 이용된다.

**표 1-7 대표적인 광원의 조도**

| 광원 또는 장소 | 조도[lx] |
|---|---|
| 태양 직사 | 약 10만 |
| 엷은 구름이 낀 날 | 3만~7만 |
| 비구름이 낀 날 | 1만 ~ 3만 |
| 그늘, 청공광 | 1만 ~ 2만 |
| 보름달 밤 | 약 0.2 |
| 별빛 | 약 0.0003 |
| 사무실 | 500~1,000 |

### 4) 휘도

휘도(luminance)란 광원면, 투과면 또는 반사면의 어느 방향에서 보았을 때의 밝기를 말하며, 휘도의 단위는 스틸브(Stilb ; sb)와 니트(nit ; nt)가 사용된다.

1(sb)=1(cd/cm²), 1(nt)=1(cd/m²)

:: 광속발산도는 방향에 관계없이 그 면에서 나오는 광속을 그 면적으로 나눈 값인 것에 반해, 휘도는 특정한 방향에 대하여 정해지는 양이다.

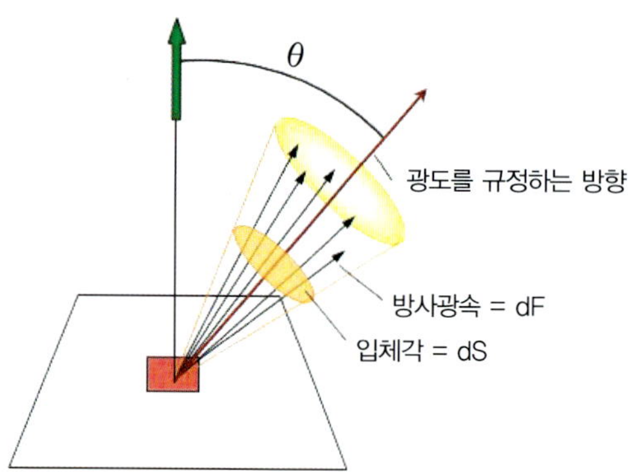


그림 1-20 휘도

**표 1-8 대표적인 광원의 휘도**

| 광 원 | 휘도(cd/m²) | 광 원 | 휘도(cd/m²) |
|---|---|---|---|
| 정오의 태양(지상에서 볼 때) | $1.65 \times 10^9$ | 백열전구(100W 투명) | $4 \times 10^6$ |
| 청공광(맑게 개인날) | 5,000 | 형광램프(40W 백색) | 9,000 |
| 청공광(약간 개인날) | 10,000 | 수은램프(400W 투명) | $4 \times 10^8$ |
| 청공광(구름이 낀날) | 1,700 | 수은램프(400W 형광등) | $1 \times 10^5$ |

### 5) 광속발산도

광속발산도(luminous radiance)란 방사되는 광속의 밀도이다. 조도의 경우

와는 반대로 어느면에서 방사되는 광속을 그 면의 면적으로 나눈 것으로, 단위는 조도와 같은 차원인 라도룩스(rlx=lm/m²)로 표시한다.

광속발산도는 조도에 비해 빛환경을 보다 충실하게 표현한 양이라고 할 수 있지만, 측정이 쉽지 않기 때문에 측광량으로는 그다지 실용적이지 못하다.

### 1-4-2 측정기기와 측정방법

#### 1) 조도의 측정

(1) 조도계

빛을 측정할 때에는 그 측정목적, 발광체의 크기, 밝기, 측정환경 등에 따라 다양한 측정 방법이 있다. 조도를 측정할 때에는 조도계(illuminance)를 사용한다.

조도계는 가볍고 부피가 작아 간단하게 이동하며 측정할 수 있어 편리하고, 정확도가 비교적 높아 상대적으로 다른 광계측기보다 널리 사용된다. 인공광원에 의한 빛환경으로써의 조도는 시간적인 변동이 거의 없기 때문에 시간에 따른 평가는 필요하지 않지만 주광조도는 태양의 위치나 기상조건에 따라 시시각각으로 변화하므로 정확한 측정을 위해서는 기상조건이 안정된 시간대를 선정하여 신속하게 측정할 필요가 있다. 조도계의 종류에는 마스크베스 조도계와 광전지 조도계가 있다.

(2) 조도의 종류

조도의 종류에는 수평면 조도, 연직면 조도, 법선조도가 있다. 수평면 조도는 측정면과 평행을 이루어 그 면이 받는 빛의 양을 말하며, 연직면 조도(수직면 조도)는 광원을 포함한 수직면 내에서의 조도분포, 즉 조도를 구하는 점을 포함한 수직면이 받는 조도이다. 법선조도는 빛의 진행방향에 수직인 면의 조도를 말한다.

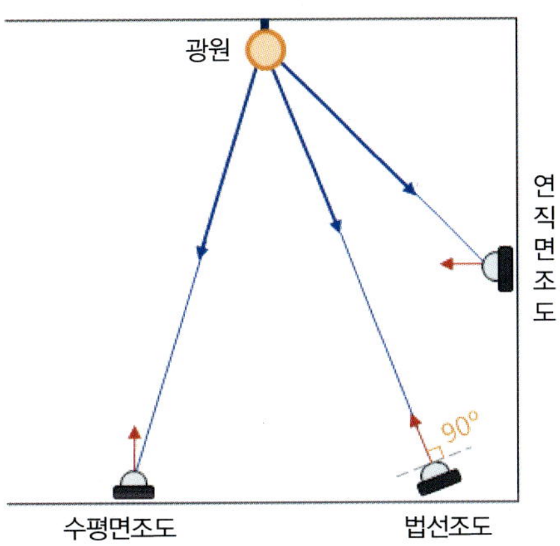

그림 1-21 조도의 종류

일반적으로 수평면 조도를 측정하며, 예를 들어 연직면이 중요한 경우인 교실의 칠판 등의 조도를 측정할 경우에는 연직면 조도를 측정한다.

(3) 조도의 측정

■조도를 측정할 때에는 조도계에 충격을 가하지 않고 수광부를 청결히 하며, 측정시 흔들리지 않도록 한다. 또한 측정하고자 하는 표면에 조도계의 수광부를 가능한 가까이 접근시켜야 하며, 이때 수광부는 측정면과 평행을 이루어야 하고 측정자의 손이나 몸에 의하여 그늘이 지지 않도록 주의한다. 수광부가 몸 쪽으로 향하여 옷에 의해 반사되는 빛이 계기에 영향을 주면 밝은 색의 옷은 옷의 반사율까지 첨가되어 측정될 수 있으므로 주의해야 할 점이다.

■측정면의 높이는 작업면이 정해져 있을 경우에는 그의 수평면에서 측정하며, 일반적으로는 표 1-9의 측정면의 높이를 기준으로 하여 측정한다. 측정시 측정 위치와 간격은 5점, 9점, 25점 등 중앙을 포함하여 가능한 한 많이 측정할수록 정확한 값을 얻을 수 있다. 이는 측정 범위를 같은 간격으로 종횡 분할선과 경계선에 의하여 나누고, 같은 면적의 단위구역으로 구분하여 측정점의 위치를 정하는 것이다.

**표 1-9 측정면의 높이**

| 장 소 | 일반 실내 바닥 | 온돌방 | 복도, 계단 | 실 외 | |
|---|---|---|---|---|---|
| 측정면 | 바닥 위 850mm | 400mm | 바닥면 | 도 로 | 운동장, 경기장 |
| | | | | 노면상 150mm 이하 | 지정면 |

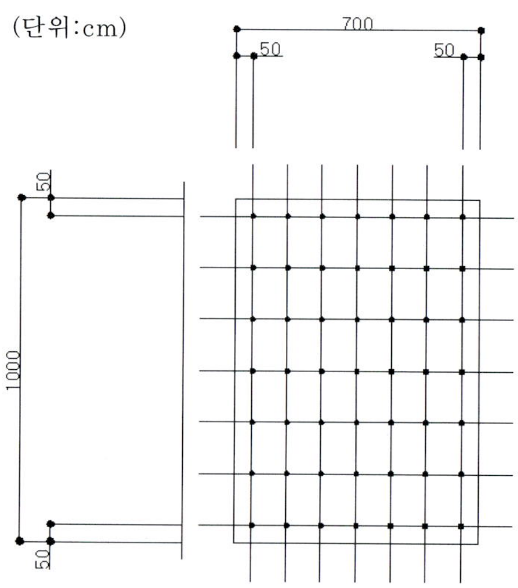

그림 1-22 물리적인 측정점 (49점)

■실내 조도를 측정할 때는 일정한 시각차로 여러 번 조도를 측정하여 그 평균을 계산한다. 이때 평면 측정 대상의 크기와 조건에 맞게 모서리 부분에서 각각 1,000mm, 500mm 등 일정 거리를 띄우고 측정 지점을 정하여 구조체의 위

치에 따른 영향을 받지 않도록 한다. 그러나 실의 크기가 작은 경우에는 실의 중앙조도만을 측정할 수도 있다.

**표 1-10 측정결과의 기록**

| 조 건 | 조건 사항 |
|---|---|
| 조명조건 | 광원 및 조명기구의 종류, 배치도 (평면도, 입면도 및 투시도),<br>사용시간, 전원, 전압 및 주광의 상황 등 |
| 측정조건 | 휘도계의 종류, 측정각, 측정기준점 및 계기의 종류 |
| 환경조건 | 기후, 온도, 습도, 안개, 연기 등의 대기상태<br>벽, 천장, 바닥, 노면 등의 표면상태 (색, 반사율, 건습, 마모) |
| 측정일시 | 날짜, 시간 |

### 2) 색의 측정

인간의 눈은 색과 색을 비교하는 능력이 탁월하지만 개인차가 있고 기억에 문제가 있다. 측색에는 인간의 눈으로 측색하는 방법, 분광 광도계나 필터식 색차계 등의 측색기를 이용하는 방법이 있다.

#### (1) 색측정의 조건

측색의 조건에는 광원과 측정각, 그리고 광원의 확산각도 등이 있다. 측정에 사용되는 광원의 특성은 광원의 종류와 광원의 반사각과 물체와의 흡수에 따른 측정원리 부분으로 나눌 수 있다.

#### (2) 색의 측정방법

■ 색을 측정할 때에는 환경색에 영향을 받지 않아야 한다. 유리창, 커튼 등의 투과 광선을 피하고 자연광일 경우 해가 뜬 후 3시간부터 해가 지기 전 3시간까지의 자연광을 이용하고 정한 시간 외에는 인공광원을 사용한다.

■ 측색기는 가능한 한 수평을 유지하며 측색을 실시할 경우 대상의 물체에 최대한 밀착하도록 해야 한다. 측색기 내부의 측정 광원이 적분구로부터 외부에 새어나가지 않게 해야 하며, 둥근 물체이거나 작은 물체의 경우 측색기의 구경을 조절해야 한다. 또한 자연물을 측색하는 경우 표준 색도와 달리 표면이 일정치 않으므로 측색하려는 부위의 색채는 그 소재의 대표적이라고 할 수 있는 부분이 80% 이상 포함되어야 한다. 휴대용 측색기는 색채 교정 등 현장에서 발생되는 여러 문제에 적절히 대응하지 못하기 때문에 데스크탑의 안정적인 측색기

를 사용하는 것이 정확한 값을 얻기에 유리하다.

■측색 시에는 오차를 줄이기 위해 3회 이상으로 횟수를 증가시킬수록 오차를 극복할 수 있다. 또한 이를 극복하기 위해서 CIE에서 표준기하(geometry : 물체 표면에 입사하는 빛의 각도/ 반사되는 빛을 측정하는 각도)를 설정하였다. 측색 전에는 반드시 백색과 검은색 교정판을 모두 사용하여 측색기를 교정해야 하며, 수차례 측색 후에는 측색기를 교정해 주어야 한다. 색채를 측정할 때에는 대상물의 특징과 검사항목을 검토한 후 여러 측색조건에 따라 대상물을 분류하고 측색할 필요가 있다.

**표 1-11 색차계의 종류와 특징**

| 종 류 | 특 징 | 용 도 |
|---|---|---|
| 필터식 색차계 | 소형으로 기능성에서 탁월 | 생산부분, 검사부분들의 색채 측정 등 |
| 분광광도계 | 고정밀로 절대치 측정이 가능 | 색채의 좌표, 색채 값을 측정, 색채관리 등 |

**표 1-12 표준 기하 (CIE 추천방식)**

| 기 하 | 의 미 |
|---|---|
| 45/0 | 45도 조명 / 수직 수광 |
| 0/45 | 수직 조명 / 45도 수광 |
| d/0 | 확산 조명 / 수직 수광 |
| 0/d | 수직 조명 / 확산 수광 |

### 3) 휘도의 측정

■최근 조명공학에서는 휘도를 기초로 하여 조명시설의 설계 및 보수가 이루어지고 있다. 도로조명기준이나 터널조명기준에서는 조도를 대신하여 휘도값을 기준의 일부로 규정함으로써 더욱 강화되고 있다.

휘도 측정의 목적은 다음과 같다.

① 휘도가 정해진 규격 또는 기준을 만족하고 있는지 여부를 조사

② 휘도를 비교하고 보수 및 조명 개선의 자료로 이용

③ 휘도에 의한 시환경 및 보이는 모양의 평가에 기초자료를 얻기 위한 것

■휘도의 측정에는 주로 광전휘도계가 사용된다. 휘도를 측정할 때에는 시감도 보정, 즉 측정값을 정확히 하기 위해서 빛의 질에 따른 색보정을 해야 하고, 휘도계는 측정대상물이 휘도계의 측정각에 들어가는 부분의 평균 휘도를 측정값으로 표시하므로 측정값의 정확성을 위해서는 휘도계의 측정각이 측정 대상물로

완전히 채워지고 휘도계 측정각 내의 휘도가 일정한 것이 바람직하다. 따라서 원거리렌즈 및 보조렌즈를 이용하여 측정각과 측정거리를 정확히 조절해 주어야 한다. 또한 수광기의 특징상 온도 및 습도 등에 의한 본질적인 감도변화와 계측기의 기구변화를 검출하여 올바른 측정값을 얻기 위해서 교정을 해주어야 한다.

■ 측정기준점은 휘도계가 놓인 위치에서 표준적인 인간의 눈의 위치로 한다. 옥내조명시설에서 휘도를 측정할 때에는 표준작업을 하는 인간의 눈의 위치에 휘도계를 놓고 표준이 되는 시선의 방향을 중심으로 측정점을 정한다. 또한 시야 내의 시작업에 영향을 주는 휘도분포, 글레어 등은 시선에서의 30° 이내이므로 이 범위 내의 측정점을 늘린다. 옥외조명시설의 휘도를 측정할 때에는 대상물의 휘도가 외부적인 요인(안개, 먼지, 연기 등) 및 휘도 특정 대상물의 건습상태 등에 따라 그 값이 변동되고 휘도가 비교적 낮은 경우가 많으므로 고감도의 휘도계를 사용한다.

■ 휘도계의 측정각은 옥내의 경우 측정범위가 비교적 좁고, 원거리에서 측정하는 경우가 많으므로 측정각이 작은 휘도계를 사용하는 것이 바람직하다. 시판되는 휘도계는 측정각이 1°인 것이 많고 옥내 조명시설은 가까운 거리에서의 측정이므로 1°인 휘도계로도 충분하다.

**표 1-13 측정높이와 측정각**

| 구 분 | 측정기준점의 높이 [m] | 휘도계의 측정 각 [도] | |
|---|---|---|---|
| 옥내조명 | 바닥면에서 1.5 | 1 | |
| 옥외조명 | 지상면에서 1.5 | 도로조명 | 0.1 |
| | | 기타조명 | 1 |

**표 1-14 각 작업에서의 눈의 위치**

| 의자에 앉을 경우 | 1.2 m |
|---|---|
| 서 있는 경우 | 1.5 m |
| 앉아 있는 경우 | 0.85 m |

조도계

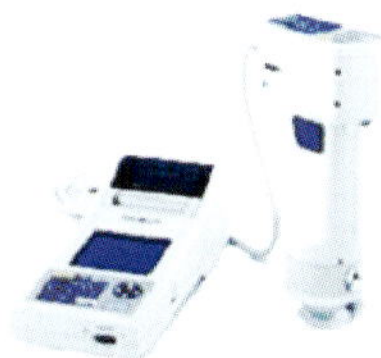

색차계

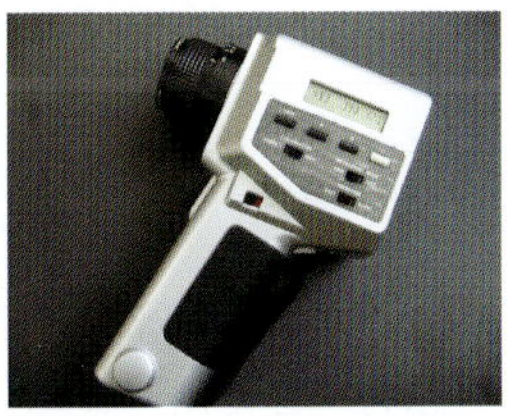

휘도계

그림 1-23 측정기구

## 1-4-3 시환경의 평가

### 1) 밝기의 평가

■ 물체를 보거나 작업을 하기 위해서는 필요한 밝기가 있다. 약 10,000lx 정도까지는 조도가 높을수록 시력이 좋아지므로 밝기 확보에는 조도가 높을수록 좋지만 경제적인 문제와 필요 이상으로 밝을 경우 작업의 성격에 따라 능률이 떨어지는 경우가 있으므로 적정조도를 확보하는 것이 바람직하다.

■ 외국에서는 보통 조도 200lx를 기준으로 하고 그의 약 2배씩 또는 1/2씩의 조도단계를 공간별, 행위별로 규정하고 있다. 각국마다 그 나라 고유의 권장 조도기준이 있으며, 우리나라도 한국산업규격(KS A 3011)으로 조도기준이 정해져 있다.

**표 1-15 조도의 분류와 일반 활동 유형에 따른 조도값**

| 활동유형 | 조도분류 | 조도범위[lx] | 작업면 조명방법 |
|---|---|---|---|
| 어두운 분위기 중의 시식별 작업장 | A | 3-4-5 | 공간의 전반 조명 |
| 어두운 분위기의 이용이 빈번하지 않는 장소 | B | 6-10-15 | |
| 어두운 분위기의 공공장소 | C | 15-20-30 | |
| 잠시 동안의 단순 작업장 | D | 30-40-60 | |
| 시작업이 빈번하지 않은 작업장 | E | 60-100-150 | |
| 고휘도대비 혹은 큰 물체 대상의 시작업 수행 | F | 150-200-300 | 작업면 조명 |
| 일반 휘도대비 혹은 매우 작은 물체 대상의 시작업 수행 | G | 300-400-600 | |
| 저휘도대비 혹은 매우 작은 물체 대상의 시작업 수행 | H | 600-1,000-1,500 | |
| 비교적 장시간 동안 저휘도대비 혹은 매우 작은 물체 대상의 시작업 수행 | I | 1,500-2,000-3,000 | 전반조명과 국부조명을 병행한 작업면 조명 |
| 장시간동안 힘든 시작업 수행 | J | 3,000-4,000-6,000 | |
| 휘도대비가 거의 안 되며 작은 물체의 매우 특별한 시작업 수행 | K | 6,000-10,000-15,000 | |

**표 1-16 실내조명설계에 있어서 권장조도 선정 값**
**(illuminance recommended for use in selecting values for interior design)**

| 조도범위 분류 | | 작업중 유지되는 조도 [lx] | 행위의 종류 |
|---|---|---|---|
| 실의 전반 조도 | A | 20-30-50 | 주변이 어두운 공공장소 |
| | B | 50-75-100 | 일시적 방문을 위한 단순한 방향 제시 공간 |
| | C | 100-150-200 | 시각작업이 간헐적으로 일어나는 공간 |
| 작업 조도 | D | 200-300-500 | 활자가 크고 대비가 높은 시각작업의 수행 : 인쇄물, 잉크필체, 타이핑 원문, 상태가 좋은 복사; 목공이나 기계작업; 일상적인 검사; 개략적인 조립 |
| | E | 500-750-1,000 | 대비성이 중간 정도이고 크기가 작은 시작업의 수행 : 연필글씨나 질이 낮은 프린트, 복사물, 난해한 검사, 중간 크기의 조립물 |
| | F | 1,000-1,500-2,000 | 대비성이 낮거나 크기가 아주 작은 시각작업의 수행 : 질이 나쁜 종이나 재료 위에 흐린 연필로 쓴 글씨 읽기; 어렵고 복잡한 검사 |
| 전반 조명 국부 조명 으로 얻어 지는 작업 조도 | G | 2,000-3,000-5,000 | 대비성이나 크기가 아주 작은 시각작업을 장시간 수행할 때 : 아주 어려운 검사; 목공예나 기계작업 |
| | H | 5,000-7,500-10,000 | 장시간 정밀한 작업을 수행할 때 : 극도로 어려운 검사; 섬세한 목공예나 정밀한 조립 |
| | I | 10,000-15,000-20,000 | 특별히 대비성이 낮고 크기가 작은 시각작업 : 수술 |

주) IES 권장조도는 상품에 악센트 조명이라든지, 주의를 끌기 위해 실의 어떤 표면을 강조한다든지 하여 디자인 의도가 가미된 건축환경에 대한 적합한 조도를 결정하는데 사용되지는 않는다.

### 2) 눈부심(glare)의 평가

■ 글레어는 광원과 배경의 휘도차, 광원의 크기, 광원의 위치, 눈의 순응 정도 등에 영향을 받는다. 특히 광원과 배경의 휘도차 및 광원의 위치와 관찰자의 위치와의 관계는 글레어 인덱스를 결정하는 주요한 요인이 된다.

글레어 예측 평가법으로 VCP(Visual comfort probability)법과 GI(Glare Index)법이 있다.

① VCP법은 일반적인 관찰자가 정의된 조건 내에서 조명시스템을 바라볼 때 불쾌함을 느끼지 못하는 정도를 의미한다. 북미 조명학회(IESNA)에서는 1970년대부터 불쾌현휘를 평가하는 방법으로 VCP시스템을 채택하여 사용하고 있다. 이 시스템은 설치된 조명시스템을 현휘적 관점에서 불쾌하게 느끼지 않는 사람들의 비율로, 0부터 10까지의 값으로 표현된다. 즉 VCP값 0의 의미는 0%

의 인간이 설치된 조명시스템의 불쾌현휘를 느끼지 않는다는 것이다. 이 평가시스템은 미국 Guth 등의 실험 연구결과로써 개발되었는데, 실험조건이 렌즈형 직접조명 형광시스템에 한정되었기 때문에 원칙적으로 일반 형광램프 외에 주광, 백열전구나 고휘도 방전램프(HID 램프) 등의 불쾌현휘 평가에는 적용하지 않아야 한다. 일반적으로 VCP 70 이상의 값을 갖는 조명시스템이 사무실 공간에서 추천되고, VDT 공간에서는 80 이상의 값을 갖는 조명시스템이 추천된다.

② 눈부심의 정도를 심리적으로 표현하기는 매우 어려우므로 눈부심에 의한 불쾌감을 느끼는 한계선을 측정하여 글레어 인덱스를 만들어 놓고 있다. GI법은 조명시설의 조건에 따라 글레어 인덱스를 구하여 글레어 정도를 예측하는 방법으로 보통 글레어 인덱스가 22 이하가 되면 된다.

**표 1-17 CGI(CIE Glare Index)의 현휘기준**

| 평어(subjective of glare impression) | CIE glare index ratting |
|---|---|
| 글레어 없음(no glare) | ≤ CGI ≤ 10 |
| 인식하지 못함(not perceptible) | 10.0 ≤ CGI ≤ 13.0 |
| 단지 인식만 함(just perceptible) | CGI ≤ 13.0 |
| 수용하지는 않으나 인식은 함(perceptible but acceptable) | 13.0 ≤ CGI ≤ 16.0 |
| 단지 수용함(just acceptable) | CGI ≤ 16.0 |
| 수용할 수 없으나 제한점보다는 낮음 (unacceptable but lower than critical value) | 16.0 ≤ CGI ≤ 19.0 |
| 제한점(critical value) | CGI ≤ 19.0 |
| 제한점을 넘기지만 불편하지는 않음 (exceed critical value, but not uncomfortable) | 19.0 ≤ CGI ≤ 22.0 |
| 단지 불편함(just uncomfortable) | CGI ≤ 22.0 |
| 불편함(uncomfortable) | 22.0 ≤ CGI ≤ 25.0 |
| 불편하지만 참기 힘들 정도는 아님 (uncomfortable, but unbearable) | CGI ≤ 25.0 |
| 참기 힘듦(unbearable) | 25.0 ≤ CGI ≤ 30 |

**표 1-18 DGI(Daylight Glare Index)의 현휘기준**

| 평어(Mean Response) | 글레어 인덱스(GI) | dG |
|---|---|---|
| 지각하지 못하는(Just Imperceptible) | 10 | 10 |
| 지각하는(perceptible) | 13 | 20 |
| 수용할 수 있는(Just Acceptable) | 16 | 40 |
| 수용할 수 없는(Inacceptable) | 19 | 80 |
| 단지 불편한(Just Uncomfortable) | 22 | 160 |
| 불편한(Uncomfortable) | 25 | 320 |
| 참을 수 없는(Just intolerable) | 28 | 640 |

### 3) 색의 평가

■ 색의 평가는 개인의 선호에 따라 달라지므로 평가 체계를 세우기 어렵다. 그러나 안전, 재해방지 등을 위하여 건물, 시설, 설비 등을 색채로 식별하고 목표물을 알리는 표시로서 색채를 사용하는 기준이 있다.

한국산업규격 KS A 3501에 의해 안전색채의 적용 범위와 색채의 종류 및 사용 개수와 색의 지정이 규정되어 있다. 색의 종류는 빨강, 주황, 노랑, 초록색, 파랑, 자주, 흰색, 검정색의 8가지이다.

표 1-19 안전색의 일반적인 의미

| 안전색 | 먼셀 좌표 | 의미/목적 | 사용 보기 |
|---|---|---|---|
| 빨강 | 7.5R 4/15 | 방화<br>금지<br>정지<br>고도 위험 | 방화, 표지, 배관계 식별 소화 표시<br>금지 표시<br>긴급 정지 버튼, 정지 신호기<br>화약 경고표, 발파 경고도, 화약류의 표시 |
| 주황 | 2.5YR 6/14 | 위험<br>항해, 항공의 보안시설 | 위험 표지, 배관계 식별 위험 표시, 눈금판의 위험 범위, 스위치 박스 뚜껑 안쪽면, 기계의 안전 커버 안쪽면, 노출 기어의 옆면 구명 보트, 구명구, 구명대, 수로 표지, 선박 계류 부표, 비행장용 구급차, 비행장용 연료차 |
| 노랑 | 2.5Y 8/14 | 주의 | 주의 표지, 감전 주의 표지, 크레인, 구내 기관차의 범퍼, 낮은 대들보(양), 충돌 우려가 있는 기둥, 바닥 돌출물, 피트 가장자리, 바닥면의 끝, 호퍼 주위 및 계단의 발 디디는 곳 가장자리, 걸쳐 놓은 다리, 전선 방호구, 도로상의 바리케이트, 해로운 물질을 잘 게 부수는 용기 또는 사용장소, 가전제품의 경고 표시 |
| 녹색 | 10G 4/10 | 안전<br>피난<br>위생, 구호, 보호<br>진행 | 안전 지도 표지 및 안전기<br>유도 표지, 비상구 방향을 나타내는 표지, 대피소 위치를 나타내는 경표 및 대피소, 갱구, 특정 구역의 방향을 나타내는 표지<br>위생 지도 표지, 노동 위생기, 구호 표지, 보호구 상자, 들것, 구급상자, 구호소의 위치 및 방향을 나타내는 표지<br>통행 신호기 |
| 파랑 | 2.5PB 3.5/10 | 의무적 행동 지시 | 지시 표지<br>모호 안경의 착용, 가스 측정 등을 지시하는 표지, 수리 중 또는 운전 휴게 장소를 나타내는 표지, 스위치 박스의 바깥면 |
| 자주 | 2.5RP 4/12 | 방사능 | 방사능 표지, 방사능 경고, 방사성 동위 원소 및 관련 폐기 작업실, 저장시설, 관리 구역 등에 설치하는 울타리 등 |
| 흰색 | N9.5 | 보조색 | 통행료, 정돈, 청결, 방향 지시 |
| 검정 | N1 | 보조색 | |

■안전색채(safety color)는 안전표지의 모양에 맞추어 사용되지만 일반적으로 다른 물체의 색과 쉽게 식별될 뿐 아니라, 색각 이상자에게도 오인이나 혼동될 우려가 적은 것을 골라야 하며, 동시에 교통 표지, 안전색채 등은 국제적으로도 공통된 의미를 가진 색채이다.

■색채가 말을 대신하는 의미를 가지면 사인보다 유효한 전달 기호가 된다. 이는 건축물, 건설작업현장, 도로, 탈것, 재해방지와 구급체계 등의 여러 정보와 장소에 대해 색채를 표시하여 알리기 위해 사용된다.

그림 1-24 적색(red) : 위험

그림 1-25 황색(yellow) : 주의 충돌, 추락, 전도 및 기타 유사 사고의 방지를 위해 물리적 위험성을 표시하며 보통 황색과 흑색의 무늬를 적용 사용

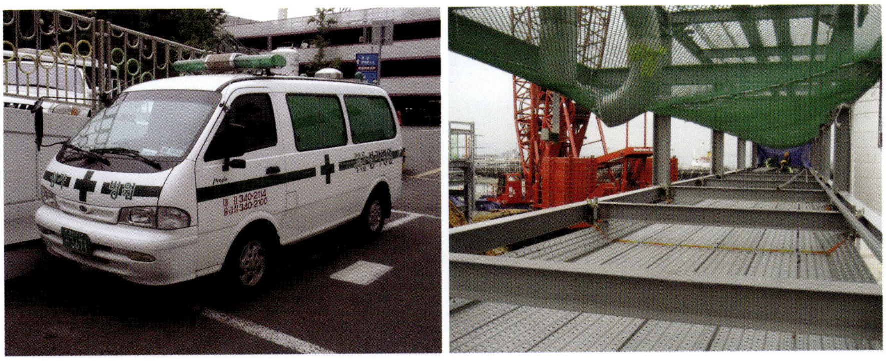

그림 1-26 녹색(green) : 안전, 구급

그림 1-27 오렌지색(orange) : 기계의 위험 경고

그림 1-28 청색(blue) : 조심, 금지

그림 1-29 흑색 및 백색(black & white) : 통로 표시, 방향지시 및 안내표시로 사용

제 2 장

# 색채 디자인

# 2-1 색의 체계

## 2-1-1 색의 삼속성

색에는 크게 무채색과 유채색으로 나눌 수 있으며, 무채색(흰색, 회색, 검정)은 명도와 관련이 있고, 유채색(순색, 청색, 탁색)은 색상, 명도, 채도와 관련이 깊다. 이는 색을 지각하는데 있어서 대표적인 속성으로 색상, 명도, 채도를 색의 삼속성이라 한다.

### 1) 색상

■ 빨강, 주황, 노랑, 초록, 파랑, 남색, 보라 등으로 표시함으로써 색을 구별하는데, 빛의 파장으로 나타내는 이러한 색의 속성을 색상(Hue)이라고 하며, 유채색에만 있다.

■ 성질이 비슷하다고 느껴지는 색을 순서대로 배열해 보면 빨강-주황-노랑-연두-녹색-청록-파랑-남색-보라-자주가 되어 다시 빨강으로 되돌아온다. 이와 같이 색상에 대한 감각의 변화는 순환적이며, 이처럼 색상을 둥글게 나열한 것을 색상환(色相環) 또는 색환(色環)이라고 한다.

색상환에서 거리가 가까운 색은 색상차가 작아서 유사색, 거리가 비교적 먼 색은 색상차가 커서 반대색, 서로 마주보고 있어서 색상차가 가장 큰 색을 보색이라 한다.

그림 2-1 색상

### 2) 명도

■ 빛이 반사되는 양에 따라 색의 밝고 어두운 정도를 느끼게 되는데, 색이 갖고 있는 밝기의 정도를 척도화한 것이 명도이며, 무채색과 유채색 모두에 있다. 무채색은 명도를 나타내는 기준이며, 가장 밝은 흰색부터 가장 어두운 검정으로 구성되어 있다. 명도차를 감각적 척도에 따라 균등하게 변화시킨 것을 무채색

스케일 또는 그레이 스케일(gray scale)이라 하며, 0~3단계는 저명도, 4~6단계는 중명도, 7~10단계는 고명도가 된다. 그레이 스케일은 물체색의 표준만이 아니라 사진, TV, 인쇄 등의 명도 상태를 검토하는 테스트용으로도 이용된다.

■ 우리의 눈은 삼속성 중에서 명도에 대해 가장 예민한 감각을 가지고 있다. 물체의 표면이 모든 빛을 반사하면 흰색으로 보이면서 밝다고 느끼게 되고, 모든 빛을 흡수하면 검은색으로 보이면서 어둡다고 느끼게 된다. 반사율이 약 85%인 경우는 흰색이고, 약 30% 정도이면 회색, 약 3% 정도는 검정색이다. 무채색의 온도감은 따뜻하지도 차지도 않은 중성이다.

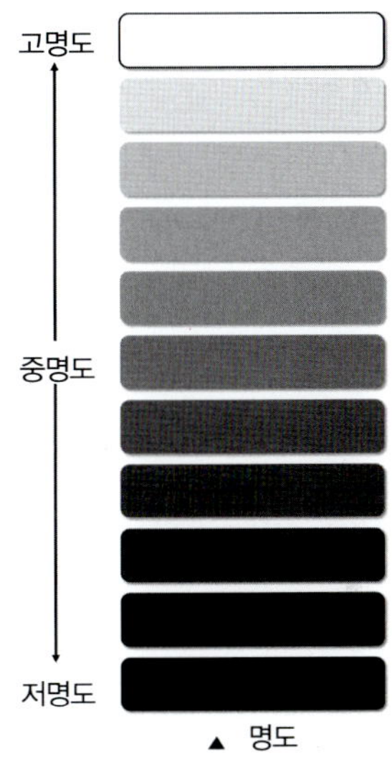


그림 2-2 명도단계(Gray Scale)

### 3) 채도

■ 채도는 색의 순수한 정도, 즉 색의 맑고 탁한 정도를 나타내는 것으로 유채색에만 있으며, 색상의 포함 정도를 말하는 것이다. 채도를 순도 또는 포화도라고도 한다.

■ 한 가지 색상에서 가장 높은 채도의 색을 순색이라 하며, 순색에 무채색을 섞어 본래의 색보다 밝아진 색을 청색(맑은 색), 어두워진 색을 탁색(흐린 색)이라 한다. 색이 순수할수록 채도가 높고 탁하거나 흐릴수록 채도가 낮은데, 순색의 채도를 점점 낮추어 가면 결국 무채색에 가까워진다. 채도 0은 무채색을 뜻한다. 색상이 차지하는 파장의 범위가 다르므로 각 색상에 따른 채도의 단계는 다르다. 예를 들어 장파장인 난색계는 채도의 단계가 많으며, 단파장인 한색계는 채도의 단계가 적다.

▼ 채도

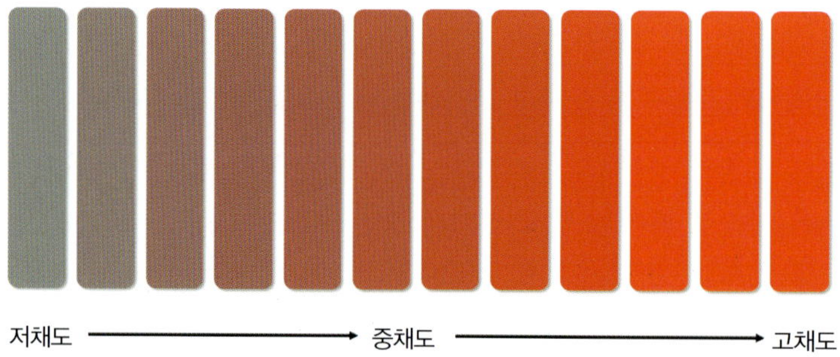


그림 2-3 채도단계

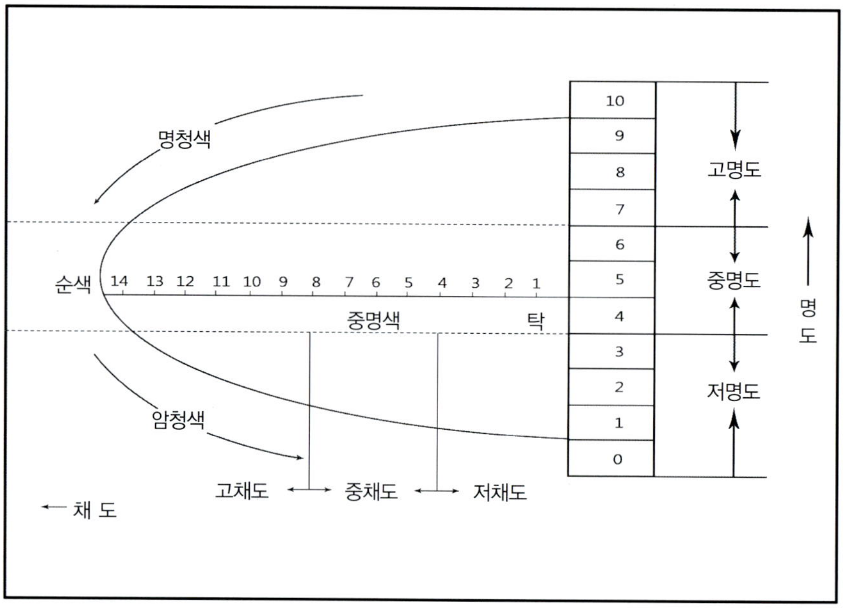


그림 2-4 명도와 채도단계

## 2-1-2 표색계

■ 색채는 인간의 감성과 관련되어 있기 때문에 변화가 많고 주관적인 측면이 강하므로 색채를 정확하게 측정, 전달, 관리하기 위한 수단으로 색의 체계는 반드시 필요하다. 노랑 물체를 진한 노랑, 연노랑으로 표현하는 것은 정성적인 표현이며, 물체색의 3속성인 색상, 명도, 채도를 색의 체계에 따라 수치와 부호로 표시하여 나타내는 것은 정량적인 표현이다. 이처럼 색을 정량적으로 표시하는 체계를 표색계라고 하는데, 일정한 질서를 바탕으로 하여 모든 색을 정량적이고 객관적으로 표현하는 색의 체계를 말한다.

■ 대표적인 표색계로는 한국, 일본, 미국 등에서 표준체계로서 채택하고 있는 먼셀(Munsell) 표색계, 유럽의 표준체계였던 오스트발트(Ostwald) 표색계, 최근 스웨덴을 중심으로 세계적으로 보급되고 있는 NCS(Natural Color System) 표색계, 일본색채연구소의 색채 조화를 주목적으로 한 컬러시스템인 PCCS(Practical Color Coordinate System), 그리고 빛의 색을 판별하고 체계화한 CIE 표준 표색계가 있다.

### 1) 먼셀 표색계(Munsell System)

미국의 화가 먼셀(Albert H. Munsell, 1858~1918)이 1905년 고안한 체계로, 1940년 미국광학회(OAS)에 의해 수정되었다. 표색 방법이 합리적이기 때문에 현재 국제적으로 가장 널리 사용되고 있는 색체계이며, 우리나라의 공업규격에서 색의 삼속성에 의한 표기 방법으로 제정되었고, 교육용 20색상환으로 채택된 색체계이다.

그러나 먼셀 표색계는 각 색표의 단계가 시각적으로 고른 색채단계를 이루고 있다고 할 수는 없다. 특히 색상환의 배열에 문제가 있다. 또한 색상의 각 기호는 색명이라기보다는 어디까지나 기호로 취급되어 있다. 예를 들면 5B는 청색이지만 먼셀 표색계에서는 청록색 쪽으로 기울어진 색이다.

#### (1) 먼셀의 색상(Hue)

■ 먼셀의 색상은 색상 차이가 등간격이라고 생각되는 주요한 5가지 기본 색상 R(Red), Y(Yellow), G(Green), B(Blue), P(Purple)와 5가지 기본색을 혼색하여 YR(Yellow Red), GY(Green Yellow), BG(Blue Green), PB(Purple Blue), RP(Red Purple)를 만들어 10가지 색상을 만들고, 이를 다시 각각 10개의 색상단계로 등분하여 100가지 색상을 만들어 숫자와 기호로 색상을 표시한다.

■ 한 개의 색은 1~10까지 10단계로 나타내며, 기준이 되는 기본색은 5에 해당한다. 따라서 5R, 5YR, 5Y 등 색상 기호 앞에 5가 붙으면 기본색상이 된다. 100색상으로 표기된 한 색상 간의 거리는 최소 식별 한계치로 구성하였으며, 배열된 색상은 태양의 스펙트럼 색과 자연계에서 관찰되는 색인 RP(자주)를 추가하여 구성하였다. 그러나 실용적으로 사용하기 위해 먼셀 컬러북에는 각각의 기본색상을 4단계로 등분하여 40개의 색상차트로 구성되어 있으며, 2.5나 5, 7.5,

그림 2-5 먼셀의 색상환

10단계로 표현하고 있다. 먼셀 색상환에서 각 색상의 180도 반대 방향에 있는 색상은 서로 보색(補色)관계에 있다.

(2) 먼셀의 명도(Value)

■ 먼셀의 명도 개념은 무채색을 기준으로 해서 이상적인 검은색을 0, 이상적인 흰색을 10으로 하고, 그 사이를 밝기의 감각차가 시각적으로 등간격이 되도록 9단계의 무채색으로 분할해서 총 11단계로 나타낸다. 실용화된 색표에서는 반사율 0%인 이상적인 검은색과 반사율 100%인 이상적인 흰색은 만들어 낼 수 없기 때문에 명도 1에서부터 명도 9까지를 무채색의 단계로 만들어 사용하고 있다.

■ 무채색의 명도를 표기할 때에는 N(Neutral)을 붙여 N1, N2, N3......., N9로 나타낸다. 유채색의 명도를 나타내는 경우, 유채색 밝기의 감각이 무채색의 기준과 동등한 곳의 명도 기호를 사용하며, 대개 명도 2~9의 범위에 배열된다.

(3) 먼셀의 채도(Chroma)

색상이 없는 무채색 0을 기준으로 색의 순도에 따라 채도 값을 1~14단계로 표기하며, 그 색상에서 가장 순색의 채도값이 최대가 된다. 먼셀체계에 있어서 각 색상의 채도단계는 일정하지 않다. 즉 5R은 채도가 14단계까지 있어 세분화되어 있는 반면, 5BG는 채도단계가 8로 채도단계가 가장 적다.

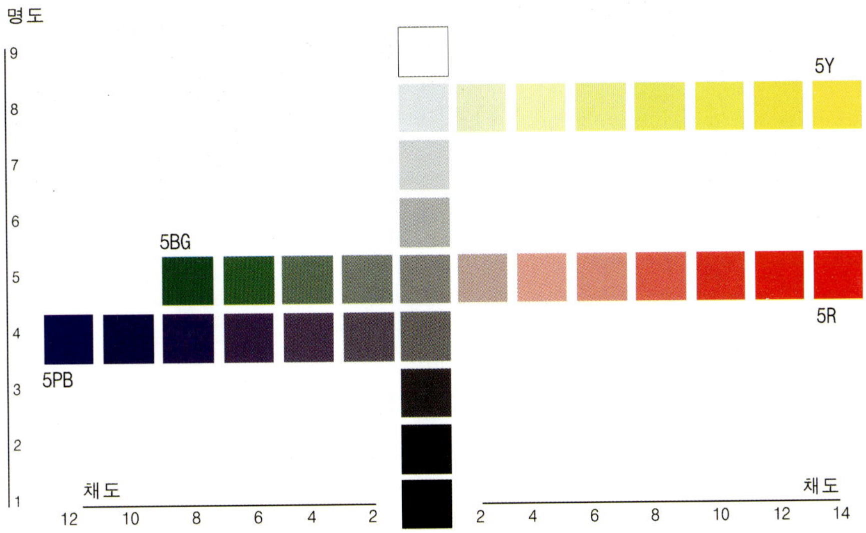


그림 2-6 먼셀의 명도와 채도

(4) 먼셀의 기호 표기와 색입체

■ 먼셀의 색 표기는 색상, 명도, 채도 순으로 하며, 기호로는 HV/C로 표기한다. 예를 들어 5R 3/10은 색상 5R, 명도 3, 채도 10 의 색으로 5R 3의 10이라고 읽는다.

■ 먼셀의 색입체(color tree)는 색의 3속성을 3차원적인 공간의 형태로 만든 것이다. 원은 색상을 나타내며, 무채색을 중심으로 여러 가지 색상이 배치되어 있다. 수직선은 명도로서 아래에서 위로 올라갈수록 명도가 높아진다. 방사형은 채도로서 바깥으로 나올수록 채도가 높아진다.

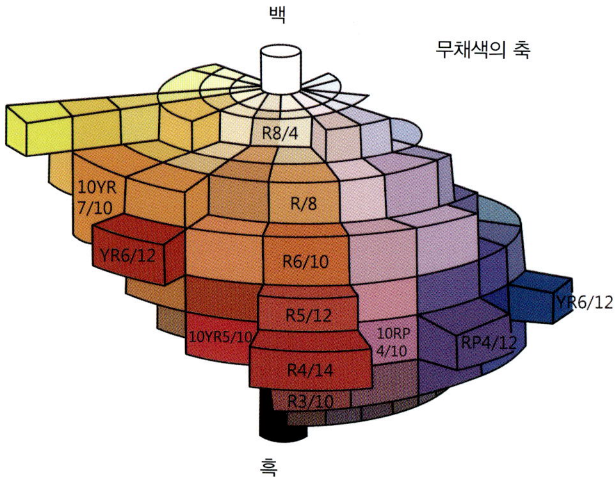


그림 2-7 색입체

■색입체의 수평 단면은 가로로 절단된 단면을 말하며, 동일 명도상의 각 색상 및 채도단계를 관찰할 수 있는 등명도면이 된다. 따라서 가운데 있는 무채색 축을 중심으로 동일 색상이 나타나며, 동일 색상의 명도, 채도의 변화를 한눈에 볼 수 있다. 각 색상 중 가장 바깥의 색은 순도가 가장 높은 순색이다.

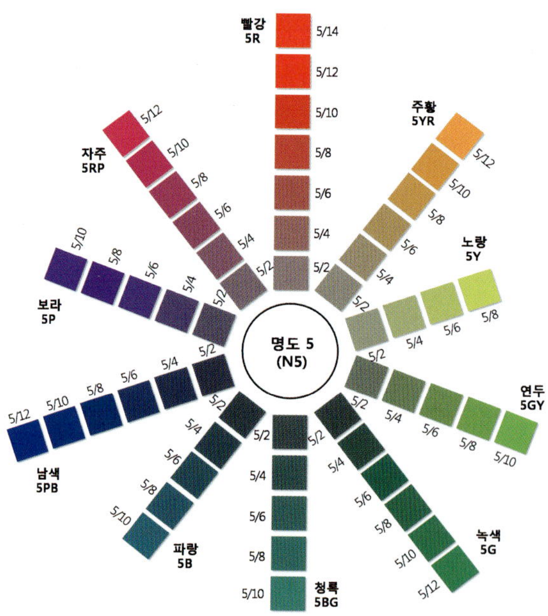


그림 2-8 색입체의 수평단면도(등명도면)

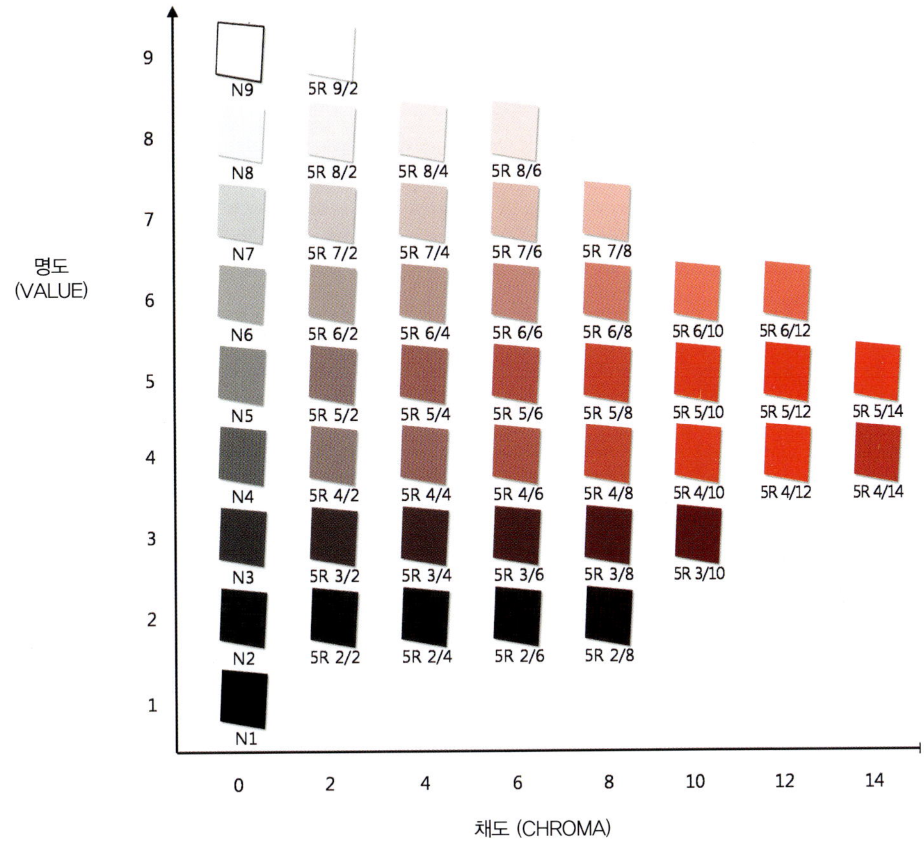


그림 2-9 색입체의 수직단면도(등색상면)

■ 색입체의 수직단면은 세로로 절단된 단면을 말하며, 같은 색상이 나타나므로 등색상면이라고도 한다. 가운데 무채색을 중심으로 좌우에 보색의 색상면이 나타나며, 같은 색상의 명도, 채도의 변화를 한 번에 볼 수 있다. 각 색상 중 가장 바깥의 색은 순도가 가장 높은 순색이다.

#### 2) <u>오스트발트 표색계</u>(Ostwald System)

독일의 화학자 오스트발트(Friedrich Wilhelm Ostwald, 1853~1932)가 1919년에 고안한 표색계로, 실제 색표화된 것은 1923년 오스트발트 색채 아트라스(Ostwald Farbnormen Atras)부터이다. 오스트발트 표색계는 색의 3속성을 이용하고 감각적인 특성을 기초로 한 먼셀 표색계와는 달리, 흰색(W), 검은색(B), 순색(C)을 3가지 기본 색채로 하고 기본색의 혼합 색량의 비율에 따라 물체의 표면색을 정량적으로 표시하는 방법이다.

(1) 오스트발트의 등색상 삼각형

■ 오스트발트 표색계는 명도와 채도를 따로 분리하여 표시하지 않는다. 모든 색은 백색량(W), 흑색량(B), 순색량(C)의 합을 100으로 하여 배합하였기 때문에 어떠한 색도 혼합량은 항상 100으로 일정하다.

■ 무채색을 수직축으로 하고 완전 흰색, 완전 검은색, 순색을 꼭짓점으로 하는 정삼각형을 구성하고 그 내부면에 혼합량의 비율에 따라 등백계열(흰색량이 같은 계열), 등흑계열(검정색량이 같은 계열), 등순계열(순색량이 같아 보이는 계열)별로 배열하면 하나의 등색상면이 된다. 예를 들어 순색량이 없는 무채색이라면 W+B=100%가 되고, 순색량이 있는 유채색은 W+B+C=100%가 된다. 즉 ca는 흰색 함유량이 56, 검은색의 함유량이 11로 순색의 함유량은 100−56−11=33%가 된다.

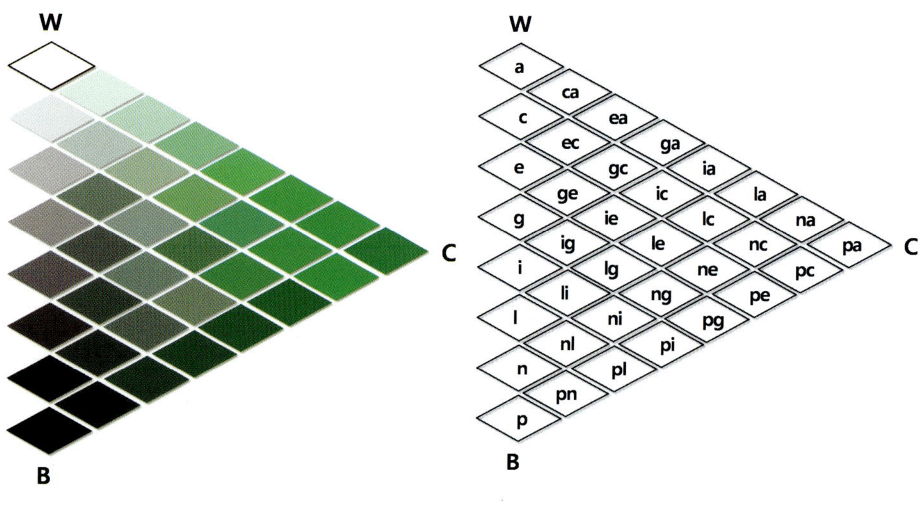


그림 2-10 오스트발트 등색상 삼각형

(2) 오스트발트 기호 표기법

오스트발트 표색계의 색 표기는 색상 번호, 흰색량, 검은색량의 순으로, 오스트발트 기호로써 표기한다. 색상은 1~24까지 기호로 표시하며, 무채색의 단계는 가장 밝은 색인 흰색을 a, 가장 어두운 색을 p로 하여 a~p까지 8단계로 나눈다.

예를 들면 5gc는 색상기호가 5인 오렌지 계열의 색상, 흰색량은 22%, 검정색량은 44%이므로, 순색량은 100-22-44=34%가 된다.

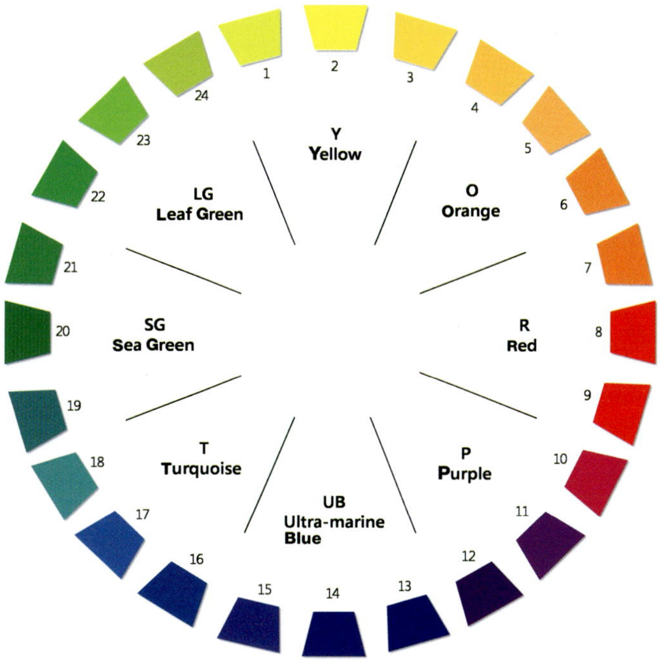


그림 2-11 오스트발트 색상환

**표 2-1 오스트발트 기호와 혼합비**

| 기호 | a | c | e | g | i | l | n | p |
|---|---|---|---|---|---|---|---|---|
| 백색량(W) | 89 | 56 | 35 | 22 | 14 | 8.9 | 5.6 | 3.5 |
| 흑색량(B) | 11 | 44 | 65 | 78 | 86 | 91.1 | 94.4 | 96.5 |

3) NCS 표색계(Natural Color System)

■ NCS 표색계는 오스트발트 표색계와 마찬가지로 헤링의 반대색설을 기초로 한다. 즉 인간의 색지각을 기초로 완성한 논리적인 색체계로서 색채를 총체적으로 이용하는데 도움을 준다는 평가를 받고 있다. 스웨덴 색채센터에서 1964년 새로운 체계로 발표되어 1979년에 스웨덴 표준으로 공인을 받아 현재 유럽을 비롯한 전 세계에서 사용하고 있다.

NCS 표색계는 흰색(W), 검정(S), 노랑(Y), 빨강(R), 파랑(B), 녹색(G)의 6가지 색을 기본으로 하며, 모든 색상은 기본 6가지 색과 근접한 정도에 따라 표현한다.

■ 색상환에는 빨강(R), 노랑(Y), 파랑(B), 녹색(G)의 4색을 기본으로 각 색을 10등분한 40색상이 배열되어 있다. 또한 이웃한 색상간의 혼합량을 %로 나타낸다. 색상의 표기는 어떻게 보이는가를 근거로 한다. 예를 들면 빨강으로부터 노랑으로 변화되는 과정에서 보이는 무수한 색을 100이라는 숫자로 대응시키고 있다. 순수한 빨강은 R이고 빨강에서 노랑 느낌이 10만큼 있다면 Y90R로 표기한다.

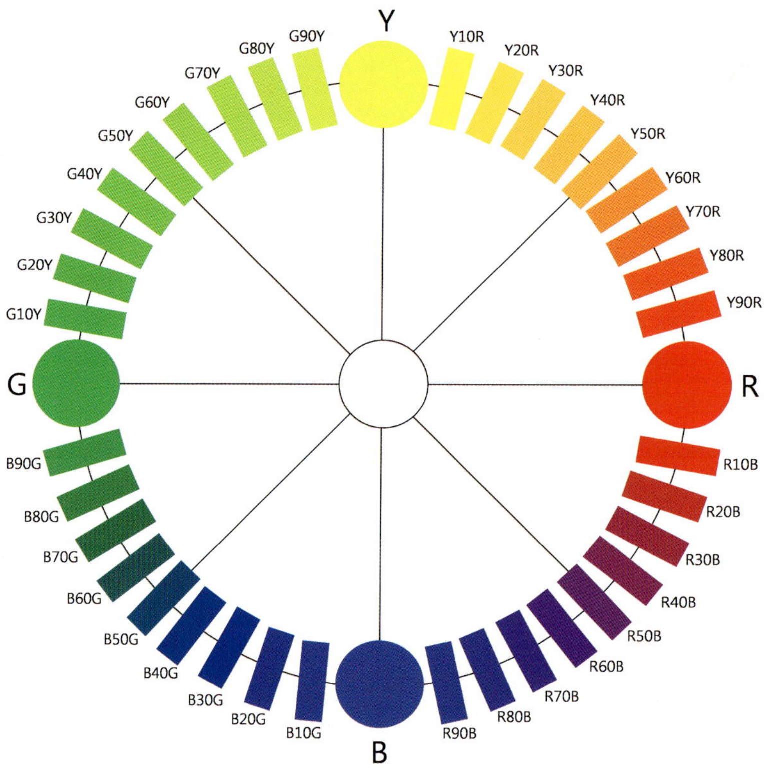


그림 2-12 NCS 색상환

■ NCS 표색계에서 색의 표기법은 검정량(S), 순색량(C), 색상 순으로 표기한다. 이러한 표기에 의해 모든 색은 검정량, 흰색량, 순색량의 합으로 나타낼 수 있다. 즉 검정량(S) + 흰색량(W) + 순색량(C) = 100% 이다.

예를 들어 S2040-Y10R에서 S는 NCS 색표집 2번째판, 검정량은 20, 순색량은 40, Y10R은 빨강이 10% 함유된 노랑, 흰색량은 100-20-40=40%가 된다.

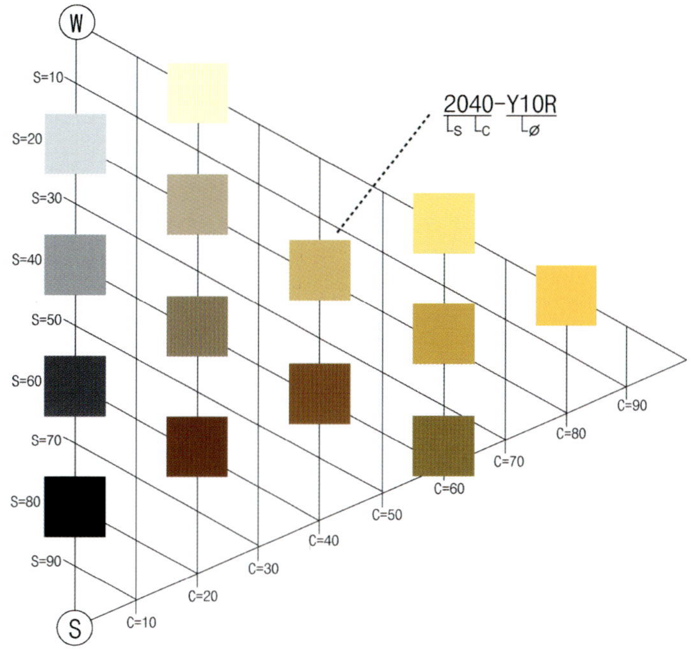


그림 2-13 NCS의 등색상단면

#### 4) CIE 표준표색계(CIE Standard Colorimetric System)

■ 1931년 국제조명위원회(C.I.E)에서 가법혼색의 원리에 의해 3원색을 정하고 그 혼합비율에 의해 모든 색을 색 공간 안에 표시하도록 하였다. CIE 표준표색계는 XYZ 표색계라고도 하며, 모든 가시광선의 색은 CIE 색도 좌표의 닫힌곡선 속에 놓여 있다. 이처럼 색광의 양을 측정하여 색감각을 수량적으로 나타내고, 심리적으로나 물리적으로 표시하는 체계를 혼색계라고 하며, CIE 표준표색계가 혼색계의 가장 대표적인 표색계라 할 수 있다.

CIE 표색계는 숫자의 조작에 의해서 색을 표시하기 때문에 실제 물감으로 작업하는 조형예술에서는 이해가 되지 않는 단점과 인쇄로 표현할 수 있는 색이 한정되어 원색인쇄로 색을 완전하게 재연할 수 없다는 단점이 있다. 그러나 CIE 표색계는 물체색과 광원색을 포함하는 모든 색을 나타내고, 인간의 감각에 의존하지 않는 정확한 표색법이다.

■ CIE 표색계는 분광광도계에 의한 측정값을 기초로 하여 모든 색을 xyY라는 세 가지 양으로 표시하고 있다. Y는 측광량으로 색의 명도를 말하며, x와 y는 색도좌표를 나타내는데, 색도란 밝음을 제외한 색상과 채도를 조합한 성질을 뜻한다.

■평면방식으로는 균등공간을 구현하기 어려운 점을 개선하여 1976년 국제조명위원회가 지각적으로 균등한 간격을 가진 색공간 L*a*b*를 발표하였다. L*a*b*는 엘스타, 에이스타, 비스타로 읽는데, L*축은 밝기를 나타내고, a*는 빨강-녹색을, b*는 노랑-파랑을 표시하며 중심 L축에 가까울수록 채도가 낮다. a*값이 플러스 값을 가지면 노란빛이 강해지고, 마이너스가 되면 파란빛이 강해진다.

■CIE L*a*b의 특징은 물체색뿐만 아니라 빛의 색까지도 나타낼 수 있으며, CIE XYZ가 가지는 색과 색 사이의 지각적 불균등을 보완한 균등한 간격을 가진 색공간 표색방법이다. 또한 독립된 색채공간으로 기후, 환경 등에 영향을 받지 않고 항상 같은 색을 유지할 수 있으며, 색과 색 사이의 차이를 직선거리로 계산하여 얻을 수 있다는 장점이 있다.

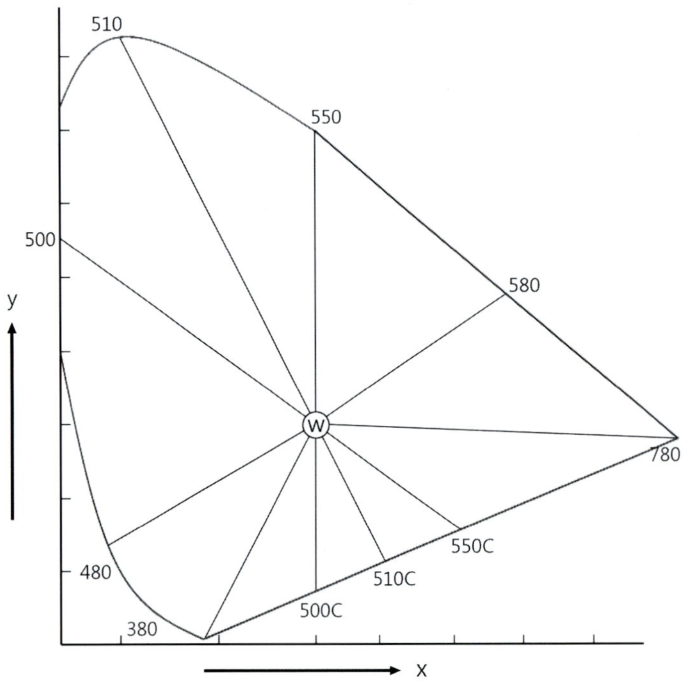


그림 2-14 CIE 색도도의 순도 비율

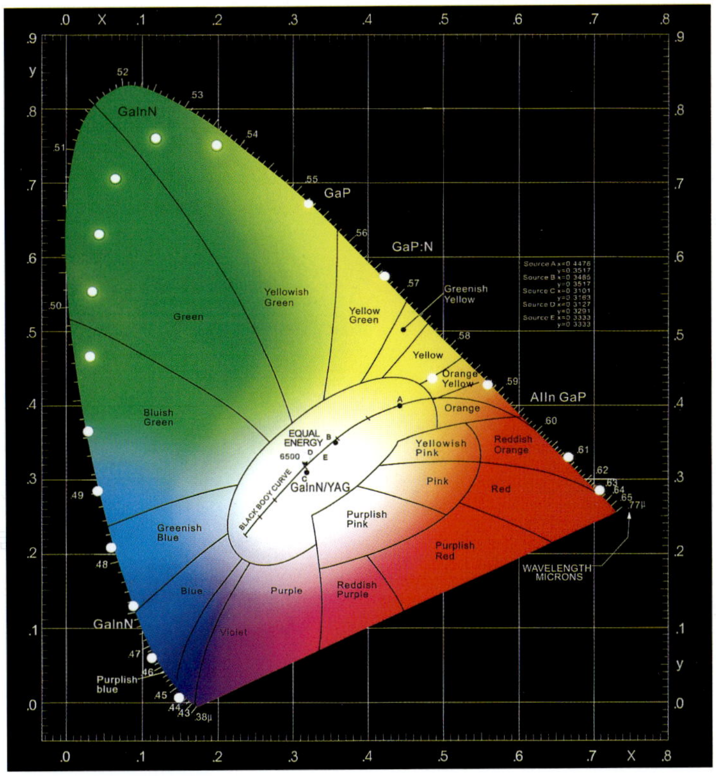


그림 2-15 CIE 색도도

:: 먼셀표색계는 알기 쉽고 다루기 쉬우므로 널리 이용되며, 특히 도색(塗色)이나 염색 등에 사용되며, 오스트발트 표색계는 주로 미술방면에 이용된다. CIE 표색계는 가장 과학적이며, 표색의 기본으로 주로 광원이나 컬러텔레비전의 기술에 사용된다.

## 2-1-3 색명

■ 색을 일상생활에서 사용하기 위해서는 알기 쉽게 이름을 붙일 필요가 있다. 그래서 빨강 또는 앵두색 등 색의 이름을 붙이는 것을 색명(色名)이라고 한다. 색명을 붙이는 방법은 크게 계통색명(系統色名)과 관용색명(慣用色名)이 있다.

■ 계통색명은 일반색명이라고도 하며, 색상, 명도, 채도를 표시하는 색명이다. 관용색명은 고유색명 중에서 비교적 잘 알려져 예로부터 습관적으로 사용되고 있는 색명이다. 고유색명은 동물, 식물, 지명, 인명 등이며 피부색(살색), 쥐색 등의 동물과 관련된 색이름, 밤색, 귤색, 풀색, 살구색, 장미색 등 식물과 관련된 이름, 금색, 은색, 에메랄드색 등 광물에서 유래된 이름, 하늘색, 물색, 무지개색, 황토색 등 자연현상에서 유래한 색이름 등이 있다.

■우리나라에서는 KS A 0011(규정색명)에 일반색명에 대하여 자세히 규정하고 있으며, 미국의 ISCC-NBS 색명법에 근거를 두고 있다. KS A 0011(규정색명)에서는 색이름이 가지는 기능적인 측면을 고려하여 명도와 채도를 동시에 나타내는 톤의 형용사와 색상을 결합시켜 색명을 표시한다. 색상에 관한 수식어를 기본 색이름 앞에 붙이고, 그 사이에 명도와 채도에 관한 수식어를 삽입한다.

■ISCC-NBS 색명법은 1939년 미국 ISCC(색채연락협의회)의 D.B. 저드와 K.L. 켈리에 의해 고안되었으며, NBS(국립표준국)이 세부적으로 발전시켜 설정한 「색이름 부르는 법」으로 먼셀의 색입체를 267개 단위로 나눈 색이름이다. 명도는 Light-Grayish-Deep-Dark의 순으로 구분하고 있다.

**표 2-2 유채색과 무채색의 기본색이름**

| 약 호 | 색 상 |
|---|---|
| PK | PINK |
| R | RED |
| O | ORANGE |
| BR | BROWN |
| Y | YELLOW |
| OLBR | OLIVE BROWN |
| OL | OLIVE |
| OLG | OLIVE GREEN |
| YG | YELLOW GREEN |
| G | GREEN |
| BG | BLUISH GREEN |

**표 2-3 색이름의 수식형**

| 약 호 | 색 상 |
|---|---|
| r | redish |
| pk | pinkish |
| br | brownish |
| y | yellowish |
| g | greenish |
| b | bluish |
| p | purplish |

**표 2-4 유채색과 무채색의 수식 형용사**

| 약 호 | 색 상 |
|---|---|
| red | purplish red, red |
| orange | reddish orange, orange, brownish orange |
| yellow | orange yellow, yellow, greenish yellow |
| yellow green | |
| green | yellowish green, green, bluish green |
| blue | greenish blue, blue, purplish blue |
| violet | |
| purple | purple, reddish purple |
| pink | purplish pink, pink, yellowish pink, brownish pink |
| brown | reddish brown, brown, yellowish brown |
| olive | olive brown, olive, olive green |
| W | WHITE |
| l-GY | light gray |
| me-GY | medium gray |
| d-GY | dark gray |
| BK | BLACK |
| b | bluish |
| p | purplish |

## 2-1-4 색의 혼합

색 혼합 방법은 뉴턴에 의해 이루어졌으며 헬름홀츠, 헤링 등에 의하여 확인되었고, 그 결과 다음과 같은 사실이 밝혀졌다.

① 각각의 색은 하나의 보색을 갖는다.

② 보색이 아닌 두 개의 색을 서로 혼합하면 중간색을 나타내며 또한 그것은 분량이 많은 쪽의 색에 가까운 색이 된다. 그러므로 적당한 3색의 혼합은 모든 색을 만들 수 있다.

③ 같은 파장의 색을 혼합하면 항상 같은 파장의 색을 만든다.

### 1) 가법혼색

색광을 혼합하면 밝아진다고 해서 가법혼색이라고 하며, 이는 가산혼합, 색광혼합이라고도 한다. 색광의 3원색은 빨강(Red), 녹색(Green), 청자(Blue)로 이들 빛을 혼합할수록 더욱 밝아지고 인접한 두 색을 혼합하면 그 중간에 해당하는 새로운 색이 만들어진다. 이들 3가지 빛을 모두 합하면 백색광(하양)이 되며, 2차색은 원색보다 명도가 높아지고, 보색끼리의 혼합은 무채색이 된다.

:: 가법혼색의 활용 : 원색인쇄의 색분해, 색유리, 무대의 조명, 컬러TV 등

청자(Blue) + 녹색(Green) = 파랑(Cyan)

녹색(Green) + 빨강(Red) = 노랑(Yellow)

청자(Blue) + 빨강(Red) = 자주(Magenta)

청자(Blue) + 녹색(Green) + 빨강(Red) = 흰색(White)

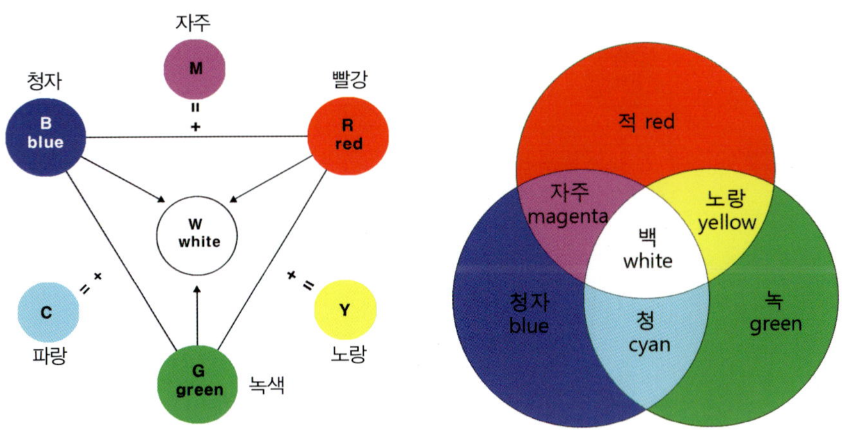


그림 2-16 가법혼색

### 2) 감법혼색

■ 색료의 3원색은 자주(Magenta), 노랑(Yellow), 파랑(Cyan)이며 색료를 혼합할수록 명도, 채도가 낮아지므로, 감법혼합, 색료혼합이라고 한다. 색상환에서 근거리의 혼합은 중간색으로 나타나고 원거리 색들의 혼합은 명도, 채도가 저하되어 회색에 가깝다. 또한 색료의 3원색을 모두 혼합하면 검정이 되며, 보색 사이의 혼합도 검정(검정에 가까운 어두운 회색)에 가까워진다. 2차색은 원색보다 명도와 채도가 낮아진다.

■ 색을 혼합할수록 명도와 채도가 낮아지는 감법혼색은 색료(페인트 등)를 활용함에 있어 중요한 특징이 된다. 왜냐하면 노랑과 파랑을 혼합하여 얻는 녹색은 혼합하여 만들지 않은 원래의 녹색과는 차이가 있기 때문이다. 따라서 같은 색상이라도 고채도의 색상을 활용하기 위해서는 혼색을 피하여야 한다.

:: 감법혼색의 활용 : 그림물감, 도료, 인쇄잉크, 염료 등은 혼합할수록 명도와 채도가 낮아진다.

자주(Magenta) + 노랑(Yellow) = 빨강(Red)
노랑(Yellow) + 파랑(Cyan) = 녹색(Green)
파랑(Cyan) + 자주(Magenta) = 청자(Blue)
자주(Magenta) + 노랑(Yellow) + 파랑(Cyan) = 검정(Black)

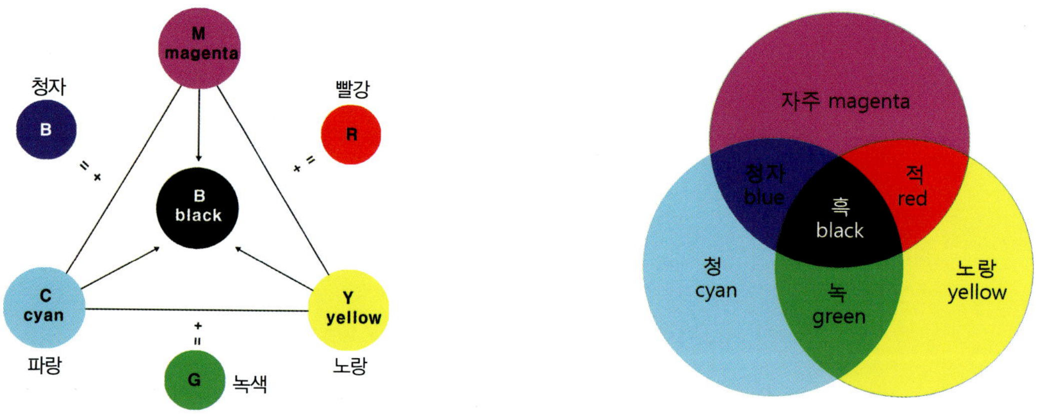


그림 2-17 감법혼색

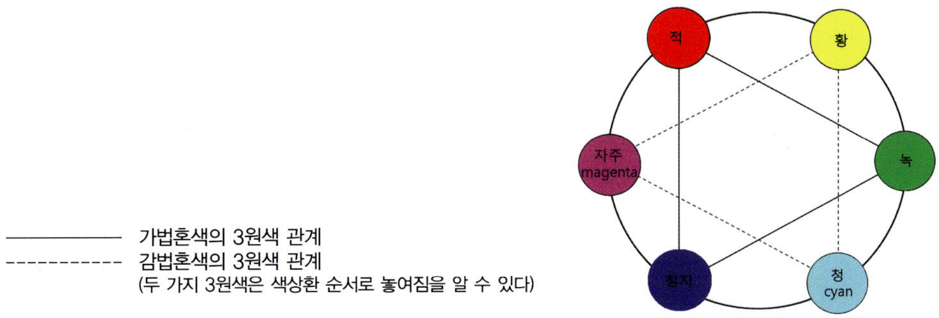


그림 2-18 두 가지 3원색의 관계

### 3) 중간혼합

혼합한 두 색의 명도가 합쳐진 것의 평균명도에 가까워지는 중간혼합에는 병치혼합과 회전혼합이 있다.

#### (1) 병치혼합

병치혼합은 색을 혼합한 것이 아니라 색을 인접 배치하여 서로 혼합된 것처럼 보이도록 한 것이다. 즉 색료를 혼합하는 것이 아니라 물체색의 반사된 반사광이 혼합되는 것으로 일종의 가법혼색이라 할 수 있다. 이러한 병치혼합은 망막에 동시에 자극을 주어 색이 혼합되어 보이도록 한 것이지 실제로 색을 혼합하는 것은 아니므로 명도와 채도가 저하되지 않는 중간색을 만들 수 있다는 장점이 있다.

:: 병치혼합의 활용 : 직물(빨간 털실과 파란 털실로 짠 스웨터는 멀리서 보면 보라색으로 보임)과 모자이크, 컬러인쇄에서 쉽게 볼 수 있으며 점묘파 화가인 쇠라(G. P. Seurat)와 시냑(P. Signac) 등이 이와 같은 혼색방법을 이용하였다.

그림 2-19 병치혼합

#### (2) 회전혼합

회전혼합은 동일 지점에서 2가지 이상의 색자극을 40~50회/sec 이상의 속도로 회전시킴으로써 색이 혼합되어 보이도록 한 것으로, 회전판을 이용하여 관찰

색채디자인

할 수 있으며 팽이에 빨간색과 파란색을 반씩 칠하여 돌리면 팽이의 움직임에서도 관찰할 수 있다. 이때 명도는 두 색의 중간명도가 되고, 색상은 두 색의 중간 색상이 되는데 면적비율에 따라 달라지며, 보색의 회전혼색은 회색이 된다.

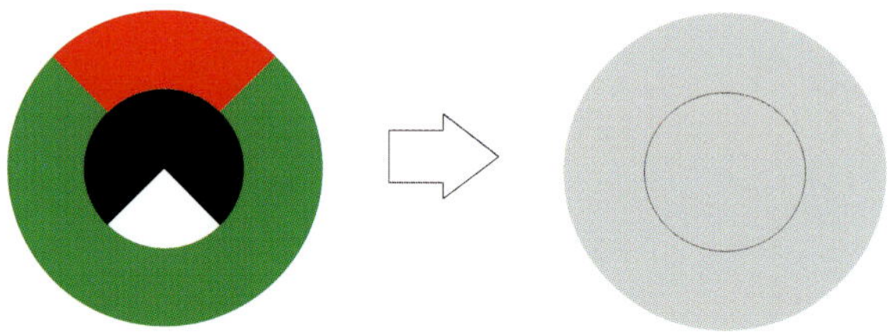

그림 2-20 회전혼합

# 2-2 색채지각

## 2-2-1 기억색

■사과는 빨간색, 바나나는 노란색이라고 말하는 것처럼 구체적 대상과 관련하여 기억하는 색을 기억색(記憶色)이라고 한다. 기억색은 그 대상의 실제색과 일치하지 않으며, 일반적으로 실제의 색보다 색의 특징을 강하게 기억하는 경향이 있다. 이는 주된 색을 선택하여 기억하기 때문에 그 특징적 색채가 강조되는 현상 때문이다. 예를 들어 바나나의 기억색은 황색이지만 실제 바나나의 색을 조사해 보면 바나나에는 녹색 부분이 있다. 그러나 황색이 강하게 인상에 남아 우리의 기억은 주된 황색만을 선택하여 기억하고 녹색은 기억하지 못하고 있는 것이다.

:: 기억의 측면에서 생각해보면, 색에 의한 이미지를 전달할 때도 주조색(main color)의 역할이 매우 중요하다. 주조색를 돋보이고, 잘 기억시키기 위해 2~3색 정도의 보조색이 있으면 좋다. 일반적으로 기억하기 쉬운 배색은 단순한 배색, 주요색과 연상 이미지가 맞는 색, 색채에 따른 형태가 기억하기 쉬운 것, 시감도나 명시성이 높은 색, 연상 이미지와 친근한 색 등이다.

■색채 이미지 전달을 위해서는 명료하고 간단한 형태를 수반하는 것이 효과적이라는 것을 알 수 있다. 예를 들면 수박은 짙은 녹색과 연한 녹색 부분이 있다고 기억한다. 이는 수박의 무늬도형의 색을 기억하기 때문이다. 바나나의 녹색은 수박처럼 도형으로서 확실히 지각되지 않으므로 배경색으로만 기억한다.

■기억도 지각된 대상에 대한 연상작용이므로 기억색의 기억실험에서 상기율(想起率)이 낮은 색일지라도 애착과 관심이 높은 색은 기억하기 쉽다. 여러 실험결과를 종합하면 색상에 의한 기억에는 어느 정도 차이가 있으며 인접한 색상도 기억에는 큰 차이를 나타낸다. 장파장 계통의 색상은 기능적 촉진의 작용을 수반하기 때문에 황색을 비롯한 주황과 적색 등 명시성이 높은 배색은 기억율이 상승된다. 색에 대한 기억의 정확도는 다른 것의 기억 정확도에 비해 높으나 원색에 대한 기억은 의외로 기억도가 높은 편이 아니다.

## 2-2-2 색채지각설

### 1) 영 · 헬름홀츠(Young-Helmholtz)의 3원색설

■빛의 자극으로 색의 지각을 알 수 있다는 주장은 1801년에 영국의 외과의사이면서 물리학자인 영(1773~1829)에 의해서 시작되었다. 그는 인간의 망막에는 일종의 광학적 변환기인 세 종류(적, 녹, 청)의 시신경 세포와 색광을 감지하는 시신경 섬유가 있다고 가정하였다.

■영의 3원색설은 1868년에 헬름홀츠(1821~1894)가 기본색은 빨강, 초록, 청자의 3원색이라고 수정하였으며, 그래서 이를 『영-헬름홀츠의 3원색설』이라고 한다. 즉 이 이론에서는 망막에 파장별로 분해 특성이 다른 3종류의 물질이 있으며, 각각의 최대감도는 장파장, 중파장, 단파장이며 각각 일으키는 감각은 빨강, 녹색, 파랑에 가장 가깝다는 것이다. 여러 세포가 망막에 조밀하게 분포되어 있는데 이것의 색감각이 여러 가지로 혼합하면 중간색을 느끼게 되며, 그 비율이 같은 정도이면 무채색을 느끼게 된다. 즉 세 가지 세포의 흥분도가 같을 때 흰색이나 회색이 되며, 흥분도가 크면 밝아지고 흥분도가 낮아지면 검정색에 가깝게 느낀다고 생각하였다.

■혼색 사실만을 기초로 한 이 설은 문제점이 있다. 즉 스펙트럼을 아주 밝게 하면 노란색과 파란색에 가까워지고 반대로 어둡게 하면 빨간색과 초록색으로 보이는 현상이 있다. 다시 말해 빛의 밝기에 따라 노랑과 파랑, 빨강과 초록이 대치되는 현상이 생긴다. 그리고 3원색설에 의하면 적색맹은 빨간색을 느끼는 시세포에, 녹색맹은 녹색을 느끼는 시세포에 결함이 있는 것으로 설명되었기 때문에 양 색맹이 노란색을 느끼는 것은 불가능해야 하는데 실제로는 노란색을 느낄 수 있다는 점을 설명하지 못한다.

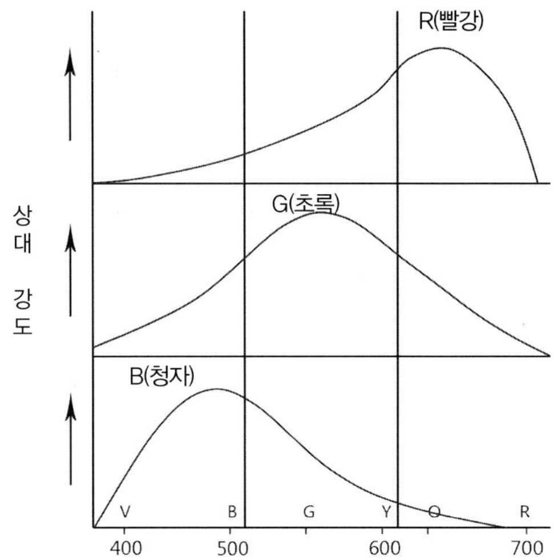


그림 2-21 영 · 헬름홀츠의 3원색설

#### 2) 헤링의 반대색설

■생리학자 헤링(Ewald Hering, 1834~1918)은 망막에는 적녹 물질, 황청 물질, 흑백 물질의 3종의 시세포가 있다고 가정하고, 이 물질들은 분해작용과 합성작용을 일으키며, 이에 따라 모든 색각이 생긴다고 1872년에 발표하였다.

■장파장의 빛이 들어오면 적녹 물질 또는 황청 물질이 분해작용을 일으켜 녹색, 파란색의 색각이 생기고, 중파장의 빛이 들어오면 적녹 물질의 합성작용으로 녹색, 노란색, 파란색의 물질은 아직 분해작용의 과정에 있고 양자가 합성되어 황록색의 색각이 생긴다고 하였다. 흑백 물질은 어느 파장광에 대해서나 모두 분해작용이 생기고, 특히 중파장광의 반응이 최대로 나타난다고 보았다. 빨강, 녹색, 파랑 등의 자극이 동시에 생기면 합성작용과 분해작용도 동시에 이루어져 무채색이 된다. 이와 같은 헤링의 이론은 반대색설 혹은 4원색설이라고 하

며, 적, 녹, 황, 청을 심리적 원색이라 한다.

■ 헤링의 반대색설은 색의 대비현상이나 음성잔상의 현상은 매우 잘 설명하지만, 영과 헬름홀츠의 3원색설과 마찬가지로 문제점이 있다. 즉 물리적 빛의 3원색인 빨강, 초록, 청자만 있으면 모든 색채감각을 다 일으킬 수 있는데 6개나 되는 생리적 가변수를 택하고 있다는 점, 세 가지 대응하는 짝을 이루는 색각세포질들 중에서 흑백 시세포질만이 동화작용과 이화작용이 동시에 일어나 회색지각을 일으킨다는 것은 오늘날까지도 그 현상이 망막에서 발견되지 못하고 있다는 점 등이다.

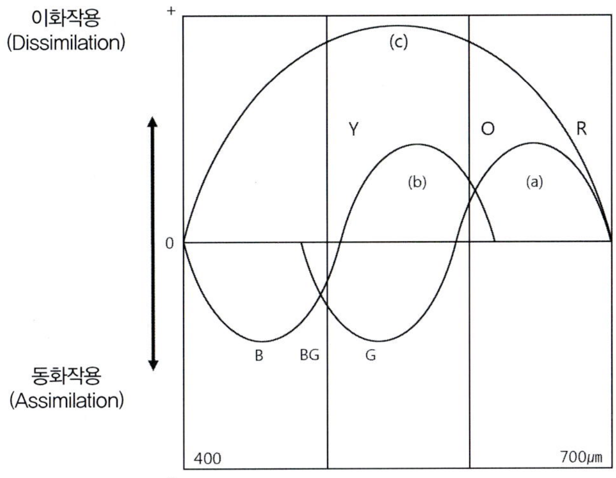


그림 2-22 헤링의 반대색설

# 2-3 색의 효과

## 2-3-1 시간에 의한 효과

### 1) 계시대비

계시대비(successive contrast)는 어떤 색을 보고 난 후에 다른 색을 보는 경우, 먼저 본 색의 영향으로 나중에 보는 색이 다르게 보이는 현상이다. 즉 나중에 본 색이 먼저 본 색의 보색에 가까워져 보이며, 채도가 증가하여 선명하게 보인다.

예를 들면 빨강을 약 1분 동안 본 다음, 노랑을 보면 먼저 본 빨강의 보색잔상의 영향으로 옅은 청록이 겹쳐져 뒤에 보는 노랑은 녹색을 띤 연두로 보인다. 이와 같이 시간차를 두고 연속적으로 어떤 색을 보면서 뒤에 보는 색이 원래의 색과는 다르게 보이는 현상을 계시대비 또는 계속대비, 연속대비라고 한다.

그림 2-23 계시대비

#### 2) 동시대비

■ 동시대비(simultaneous contrast)는 시간 차이를 두는 계시대비와는 달리, 서로 다른 색이 배색되어 있는 경우 각각의 색이 동시에 서로에게 영향을 주어 실제의 색과 다르게 느껴지는 현상을 말한다.

특히 중성색이나 회색은 강도가 매우 약하여 주변색으로부터 많은 영향을 받기 때문에 동시대비가 크게 나타나는 색이다.

■ 배경과 그림의 관계와 같이 면적이 다른 두 색이 직접 접한 경우, 면적이 넓은 색의 보색잔상이 면적이 작은 색에 겹쳐져 실제의 색과 다르게 느껴진다. 예를 들면 빨강과 노랑의 배경 위에 동일한 검은색의 그림을 놓으면, 빨강 배경색의 검정 그림색은 초록 기운이 있는 회색으로, 노랑 배경색의 검정 그림색은 보라 기운이 있는 회색으로 보인다.

그림 2-24 동시대비

### 2-3-2 속성에 의한 효과

#### 1) 색상대비

■ 색상대비(hue contrast)는 색채간의 차이를 느끼는 주요인이 색상인 경우를 말한다. 색상은 색채의 차이를 느끼게 하는 가장 기본적인 속성으로 색상간의 대비가 가장 강하게 느껴지는 색은 삼원색이다. 삼원색은 다른 색을 혼합해서 만들 수 없기 때문에 차이가 명료하게 느껴진다.

■ 빨강과 파랑의 배경색 위에 보라의 그림을 놓으면 빨강 배경색의 보라 그림은 빨강의 보색인 청록의 방향으로 기울어져 파란 기운이 있는 보라 그림으로 보이고, 파랑 배경색의 보라 그림은 파랑의 보색인 주황의 방향으로 기울어져 빨간 기운이 있는 보라 그림으로 보인다.

:: 색상대비의 예 : 한국 전통의상인 색동저고리, 전통건축의 단청, 민속공예품이나 미술품 등

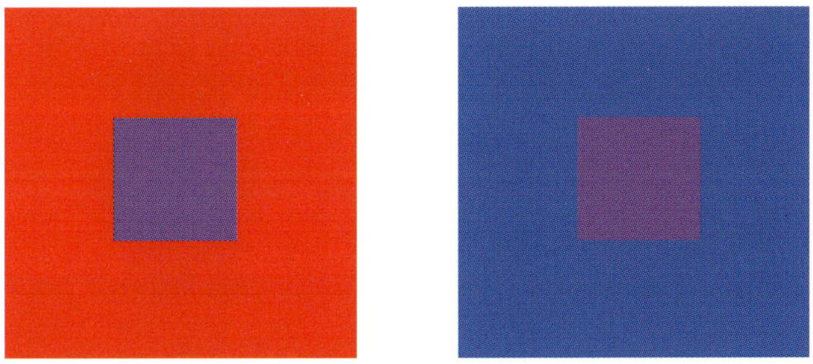

그림 2-25 색상대비

#### 2) 명도대비

■ 명도대비(lightness contrast)는 명도로 인하여 색들 간의 차이를 느끼게 되는 현상이다. 같은 명도의 그림을 명도가 다른 배경 위에 놓으면 밝은 배경색 위의 그림색은 더 어둡게 보이고, 어두운 배경색 위의 그림색은 더 밝게 보인다. 이러한 현상은 두 색의 명도차가 클수록 대비현상이 강하게 일어난다. 다른 속성 대비보다 명도대비의 효과가 가장 크다.

■ 명도에서 가장 어두운 색은 검정이고 가장 밝은 색은 흰색이다. 회색은 중성색으로 주변색에 의해 가장 많은 영향을 받는 색이다. 따라서 어떤 색을 밝게 보이게 하기 위해서는 검은색과 대비시키면 가장 효과적이며, 반대로 흰색을 배경으로 한 색은 가장 어둡게 보인다. 명도단계는 모든 순색이 다르다. 노란색은

8, 주황색은 6, 빨간색은 5, 보라색은 3, 파랑색은 4, 초록색은 5 정도이다. 이런 순색들은 색상이 지닌 강도가 높아 혼돈되기 쉽지만, 순색이 지닌 명도 차이를 구별할 수 있도록 노력해야 한다.

■ 예를 들어 연두와 남색의 배경색 위에 파랑의 그림을 놓으면 남색 배경색의 파랑 그림은 더 밝은 파랑 그림으로 보이고, 연두 배경색의 파랑 그림은 더욱 어두운 파랑 그림으로 보인다. 그리고 흰색과 검은색의 배경 위에 동일 명도의 회색의 그림을 놓으면 흰색 배경색의 회색 그림은 더 어두운 회색 그림으로 보이고, 검은색 배경색의 회색 그림은 더 밝은 회색 그림으로 보인다.

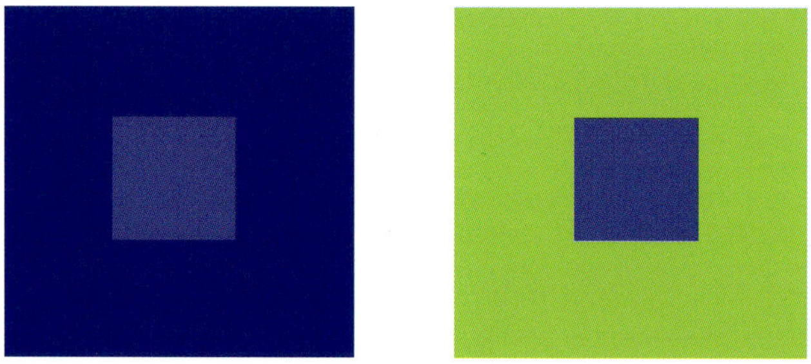

그림 2-26 명도대비 1

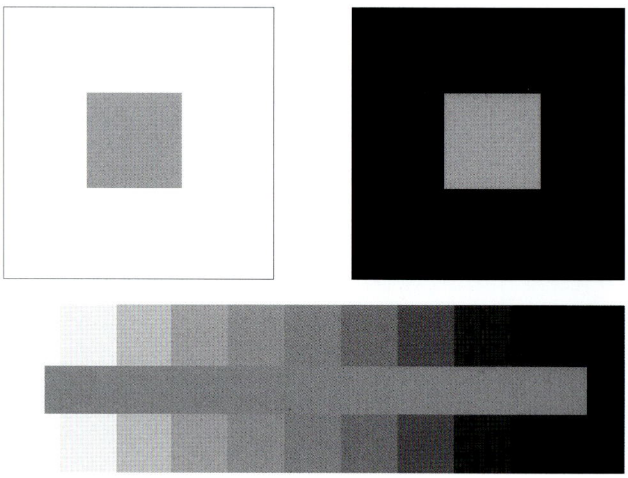

그림 2-27 명도대비 2

### 3) 채도대비

■ 채도대비(saturation contrast)는 같은 채도의 색이 배경에 따라 달라 보이

는 현상으로, 채도가 높은 색 위에 채도가 낮은 색을 놓으면 선명한 색은 더욱 선명하게 탁한 색은 더욱 탁하게 보이는 대비효과이다.

■ 채도대비는 유채색 배경의 채도대비와 무채색 배경의 채도대비로 나누어 볼 수 있다. 즉 무채색과 유채색의 배경 위에 동일채도의 색상을 놓으면 무채색 배경의 그림색은 채도가 더 높아 보이고, 유채색 배경의 그림색은 채도가 더 낮아 보이게 된다.

■ 예를 들어 빨강과 초록의 배경색 위에 동일 채도의 주황의 그림을 놓으면 빨강 배경색의 주황 그림은 빨강의 보색인 초록이 겹쳐져 탁한 주황 그림으로 보이고, 초록 배경색의 주황 그림은 초록의 보색인 빨강이 겹쳐져 더욱 짙은 주황 그림으로 보이게 된다. 그리고 회색과 빨강의 배경색 위에 동일 채도의 주황의 그림을 놓으면 회색 배경색의 주황 그림은 더 높은 채도로 보이고, 빨강 배경색의 주황 그림은 더 낮은 채도로 보인다.

: : 색상이 없는 무채색끼리는 채도대비가 일어나지 않는다.
채도대비의 예 : 빨강과 자주색, 파랑과 연하늘색, 회색바탕의 노랑(더욱 선명한 노랑으로 인식, 노랑바탕의 회색기미의 노랑(더욱 탁한 노랑으로 인식)

그림 2-28 채도대비 1

그림 2-29 채도대비 2

## 2-3-3 그 밖의 효과

### 1) 면적대비

■ 면적대비(area contrast)란 같은 색채가 면적에 따라 색이 다르게 보이는 현상으로, 같은 색이라도 면적이 크면 명도와 채도가 증대되어 그 색은 실제보다 더 밝게, 더 선명하게 느껴지는 현상이다.

■ 명도에 따라 면적의 배분을 달리하여 색면의 균형을 이룰 수 있다. 즉 명도와 채도가 높은 색상은 면적을 작게 하고, 명도와 채도가 낮은 색상은 면적을 크게 하여 시각적인 균형을 이룰 수 있다. 명도비를 거꾸로 해서 면적비를 이루면 조화를 잘 이룰 수 있다.

그림 2-30 면적대비

### 2) 연변대비

■ 연변대비(edging contrast)란 두 색의 경계가 되는 부분에서 경계로부터 멀리 떨어져 있는 부분보다 어떤 두 색이 인접해 있을 때 색상대비, 명도대비, 채도대비가 더 강하게 일어나는 현상을 말한다. 색의 경계부분에서 일어나므로 경계대비라고도 한다.

■ 마하의 띠(Mach' s band)라고 불리는 명도가 단계적으로 변하는 회색의 배열에서 인접색이 저명도인 경계부분은 특히 밝아 보이고, 인접색이 고명도인 경계부분은 특히 어두워 보인다. 그래서 원래는 평면이지만 입체적으로 보인다.

그림 2-31 마하의 띠

### 3) 한난대비

■한난대비(therm contrast)란 본래 색이 갖고 있는 특성보다 색의 차고 따뜻함이 강조되어 색의 온도감이 강하게 느껴지는 현상이다. 가장 따뜻하게 느껴지는 색과 가장 차갑게 느껴지는 색을 대비시키면, 차가운 색은 더욱 차갑게 따뜻한 색은 더욱 따뜻하게 느껴지는 효과를 낸다.

■중성색에 한색이나 난색을 배색하면, 중성색이 따뜻하게 느껴지기도 하고 차갑게 느껴지기도 한다. 반대로 중성색 옆의 한색은 더욱 차게 느껴지고 난색은 더욱 따뜻하게 느껴진다. 또한 한난대비는 명도에 따라 다르게 느낄 수 있다. 예를 들면 노랑이 빨강보다 명도가 높아 더 차갑게 보이는 현상 등이다.

:: 난색계열 : 주황색조의 노랑~붉은보라
한색계열 : 연두색조의 노랑~푸른보라

그림 2-32 한난대비

# 2-4 색채조화론

## 2-4-1 샤브러엘의 색채조화론

■ 프랑스의 화학자 샤브러엘(M.E.Chevreul, 1786~1889)의 색채조화론은 현대 색채조화론의 시작이며, 입체적 색공간을 전제로 한 색채조화론으로는 최초의 시도였다. 그는 색의 3속성에 근거하여 정량적 색채조화론을 제시하였다. 즉 유사성과 대비성의 관계에서 조화를 규명하여 "색채조화는 유사성의 조화와 대조에서 이루어진다"고 주장하였다.

■ 샤브러엘의 색채조화론의 원리는 다음과 같다.

① 인접색의 조화 : 색상환에서 가까운 배열에 있는 인접색채끼리는 시각적 안정감이 있어 조화를 이룬다.

② 반대색의 조화 : 반대색의 동시대비효과는 서로 상대색의 강도를 높여 오히려 조화를 이룬다.

③ 근접보색의 조화 : 하나의 기조색이 그 양 옆의 정반대색의 두 색과 결합하는 보색조화는 다양한 효과를 얻을 수 있다.

④ 등간격 3색의 조화 : 색상환에서 등간격 3색의 배열에 있어 3색의 배합은 근접보색의 배열보다 화려하고 원색적인 효과를 얻을 수 있다.

## 2-4-2 저드의 색채조화론

■ 미국의 색채학자 저드(D. B. Judd, 1900~1972)는 1955년 발표한 논문에서 "색채조화는 좋고 싫음의 문제이며, 정서적인 반응은 인간에 따라 다르고, 또한 같은 사람이라도 때에 따라 다르다. 우리는 오래된 배색에 싫증이 나면 어떠한 변화라도 좋게 생각하는 일이 있으며, 반대로 원래 무관심하던 색의 배합을 자주 보고 있으면 좋게 생각하는 일도 있다"는 정성적 조화론을 제시하였다.

■ 저드는 4가지 원리로 색채조화를 설명하였다.

① 질서의 원리 : 규칙적으로 선택된 색채의 요소가 일정하면 조화를 이룬다.

질서의 배색

유사의 배색

친근감의 배색

명료의 배색

그림 2-33 저드의 색채조화

② 유사의 원리 : 어떠한 색채라도 공통성이 있으면 조화를 이룬다.

③ 친근감의 원리 : 자연 환경의 색채처럼 사람에게 잘 알려진 색은 조화를 이룬다.

④ 명료성의 원리 : 여러 색채의 관계가 모호하지 않고 명쾌하면 조화를 이룬다.

### 2-4-3 문과 스펜서의 색채조화론

■ 미국 MIT대학의 색채학자 문(P. Moon)과 스펜서(D. E. Spenser)는 '색채조화의 범위', '면적효과', '배색의 미도'로 나누어 과거에 감성적으로 다루어졌던 색채조화론의 미흡한 점을 제거하고 과학적이고 정량적인 조화이론을 연구하였다. 이것을 문–스펜서의 색채조화론이라 한다.

■ 문과 스펜서는 색채조화의 원칙으로 두 가지 가정을 세우고 이를 바탕으로 이론을 진전시켰다. 즉 조화를 이루는 배색은 동일조화, 유사조화, 대비조화의 세 가지가 있으며, 부조화를 이루는 배색은 제1불명료의 부조화(first ambiguity), 제2불명료의 부조화(second ambiguity), 눈부심의 부조화(glare)가 있다고 가정하였다.

■ 문과 스펜서는 배색의 면적이 색채조화에 미치는 영향을 고려하여 저채도의 약한 색은 면적을 넓게 하고 고채도의 강한 색은 면적을 좁게 해야 균형이 맞다고 생각하였으며, 약한 색은 강한 색의 6.5배의 면적으로 하면 두 색이 어울린다고 하였다. 그리고 배색에서 아름다움의 정도를 수량적으로 계산하여 미도(美度)를 구하였다. 이때 버어크호프(G. D. Birkhoff)공식을 사용하였다. 즉 M=O/C이다. M은 미도, O는 질서성의 요소, C는 복잡성의 요소이다. 이와 같은 미도는 다음과 같은 특성을 가진다.

① 어떤 수치에 의해 조화의 정도를 비교하는 정량적 처리를 보여준다.

② 배색의 아름다움을 계산으로 구하고, 그 수치에 의해 조화의 정도를 비교한다는 정량적 처리방법을 사용한다.

③ 복잡성의 요소가 적을수록, 질서성의 요소가 많을수록 미도는 높아진다.

④ 미도는 0.5 이상일 때 아름답고 좋은 배색으로 본다.

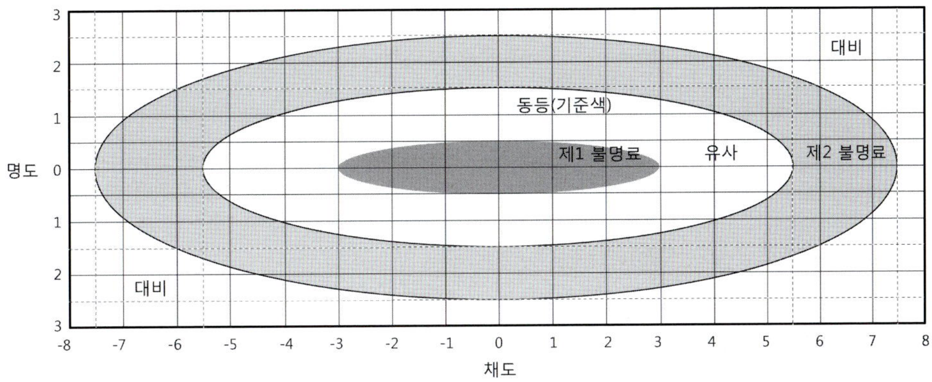


그림 2-34 명도 · 채도의 조화 · 부조화 영역

### 2-4-4 파버 비렌의 색채조화론

■ 파버 비렌(Faber birren, 1900~1988)은 색채의 지각은 카메라나 과학기기와 같은 자극에 대한 단순한 반응이 아니라 정신적인 반응에 지배된다고 전제하고, 색 삼각형을 작도하고 순색의 자리에 여러 가지 시각적, 심리학적인 순수색을 놓고 백색과 흑색을 삼각형의 각 꼭짓점에 오게 함으로써 오스트발트의 색채체계의 이론을 수용한다. 그는 순색, 백색, 흑색의 3가지 기본색을 결합한 2차적인 4개의 색조군을 밝히고, 이 7개의 범주에 의하여 조화이론을 설명하였다. 7개 범주는 톤(tone), 흰색(white), 검은색(black), 회색(gray), 순색(color), 밝은 색조(tint), 어두운 색조(shade)이다. 이 이론은 색상과 톤개념으로 구성된 PCCS색체계의 근본이라고 할 수 있다.

■ 비렌의 색채조화 이론은 색 삼각형의 동일 선상에 위치한 색상들은 어느 방향으로 연결되더라도 그 색들 간에는 관련된 시각적 요소가 포함되어 있기 때문에 서로 조화롭다는 것이다. 비렌이 제시한 조화도는 색채의 속성과 상태에 변화를 줄 수 있는 색료 배합 과정을 보여 주고 있으며, 상태가 다른 3색의 조화를 위한 배색을 나타내고 있다.

■ 크고 작은 원의 모든 요소가 합쳐져서 나타나는 특징에 대해서는 톤(tone)으로 표시하였다. 이와 같이 1차, 2차 요소와 톤의 요소를 7개의 원으로 표시하고 그것 중에서 특정한 한 개의 요소를 정하고 그것과 연결되는 선상에 위치하는 두 개의 요소들을 근거로 한 색들은 서로 조화된다. 즉 어느 방향이든지 하나

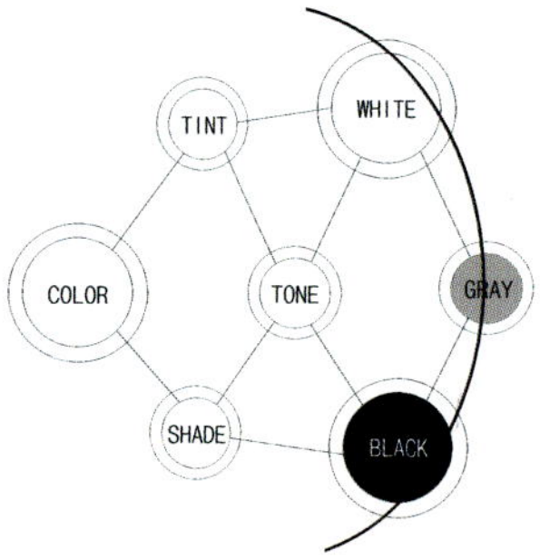


그림 2-35 white-gray-black의 조화
(명도의 연속으로 안정된 조화)

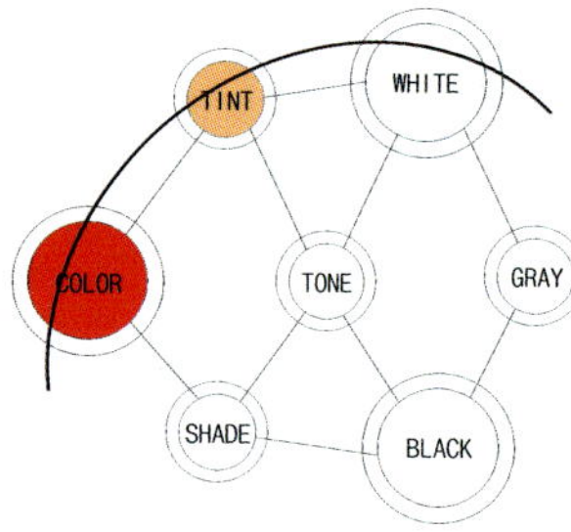


그림 2-36 color-tint-white의 조화
(가장 단순하고 매력있는 조화로 깨끗하고 신선해보임)

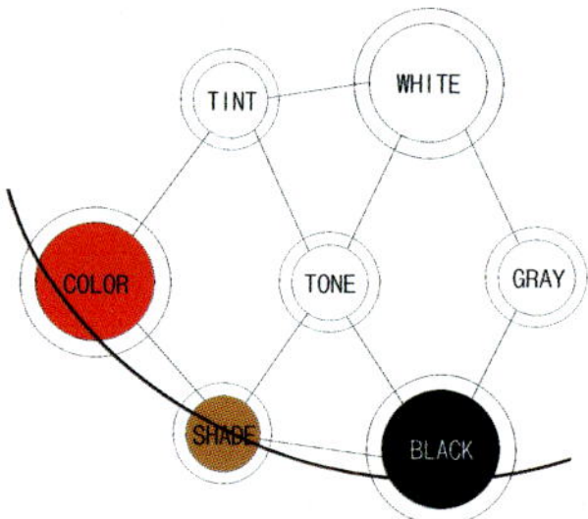


그림 2-37 color-shade-black의 조화
(색채의 깊이와 풍부함을 잘 나타내는 조화)

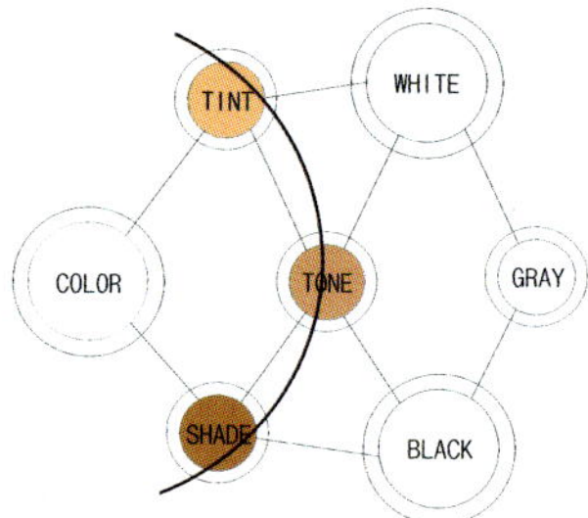


그림 2-38 tint-tone-shade의 조화
(톤의 변화가 자연스러운 조화)

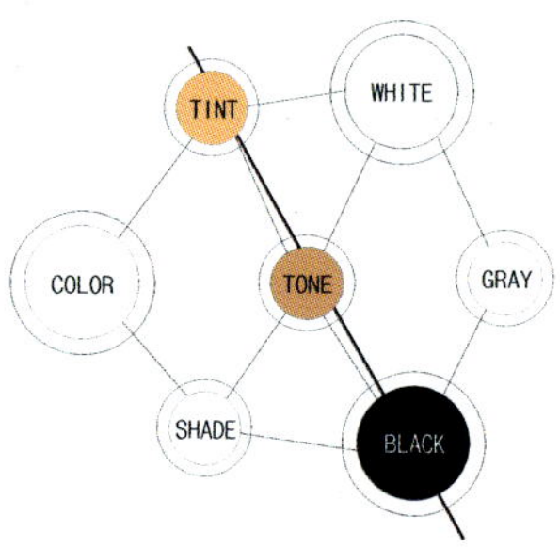


그림 2-39 tint-tone-black의 조화
(블랙을 배경으로 안정감을 나타낸 조화)

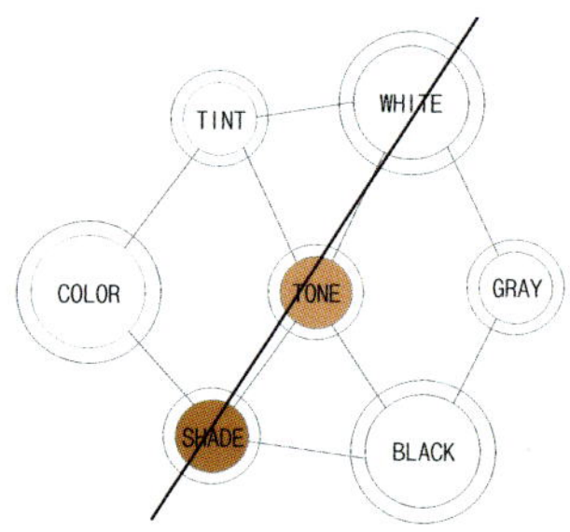


그림 2-40 white-tone-shade의 조화
(색 삼각형에서 가장 세련되고 미묘하고 감동적인 조화)

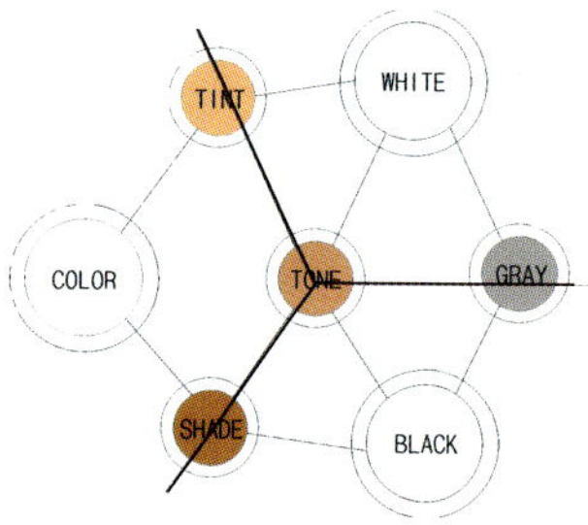


그림 2-41 tine-tone-shade-gray의 조화
(부드러운 회색으로 편안함을 나타낸 조화)

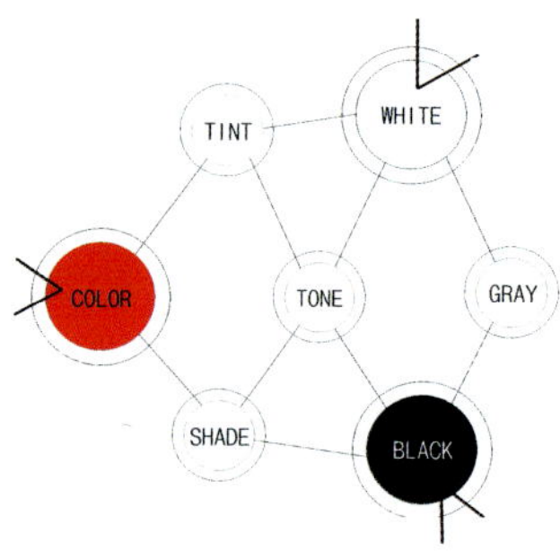


그림 2-42 white-color-black의 조화
(무채색을 중심으로한 강한 이미지의 조화)

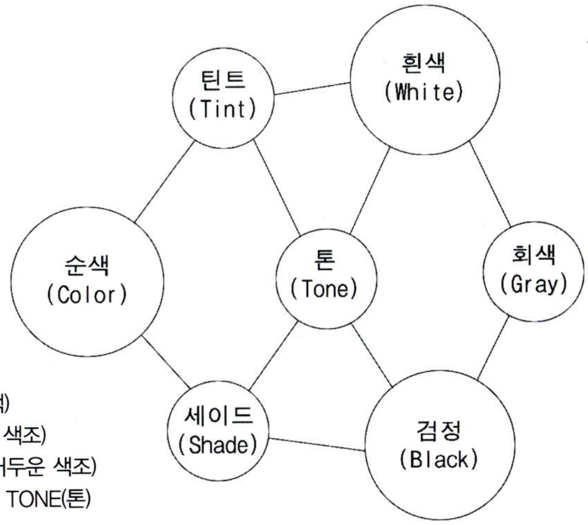


① COLOR(순색)
② WHITE(흰색)
③ BLACK(검정)
④ BLACK + WHITE = GRAY(회색)
⑤ COLOR + WHITE = TINT(밝은 색조)
⑥ COLOR + BLACK = SHADE(어두운 색조)
⑦ COLOR + WHITE + BLACK = TONE(톤)

그림 2-43 비렌의 색채조화 원리

의 선상에 놓이는 세 개의 색채요소 간에는 조화를 이룰 수 있는 공통적 속성이 존재하게 되므로 결과적으로 조화된다는 것이다. 비렌의 조화는 8가지로 요약할 수 있다.

■ 비렌은 색채와 형태를 연관시켜 인간의 심리를 연구하고, 이를 정신적 치료에 사용하기도 하였다. 비렌의 색채와 형태의 이론을 살펴보면, 빨강은 정사각형 또는 입방체, 주황은 직사각형, 노랑은 삼각형 또는 삼각추, 초록은 육각형 또는 정20면체, 파랑은 공모양 또는 원, 보라는 타원형에 대응된다고 보았다.

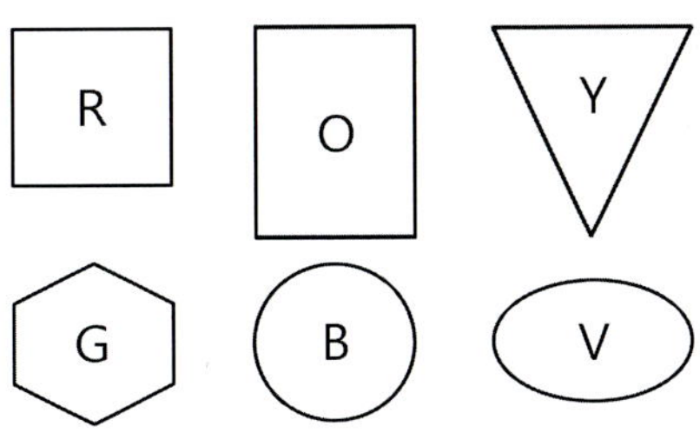


그림 2-44 비렌의 형과 색

# 2-5 색채이미지와 심리

## 2-5-1 색의 연상

■색채를 지각하는 마지막 과정인 대뇌에서는 이전의 경험들이 입력되어 있어서 연상 과정을 통해 색의 독특한 이미지를 갖게 되며 다양한 감흥을 불러일으킨다. 연상이란 그 색을 보았을 때 기본적으로 떠올리게 되는 특정 색채가 가지고 있는 감성적 특징이다.

■색채의 연상을 자유 연상법으로 실시해 연상어를 분류하여 정리하면, 사과나 태양 등의 구체적인 것과 정열이나 분노 등 추상적인 것으로 나눌 수 있다. 일반적으로 유아기나 소년기에는 주변의 동식물 등 구체적인 연상이 많고, 청년기, 성년기, 노년기에 이르면 추상적인 연상이 많아지게 된다.

그림 2-45 빨간 우체통

그림 2-46 노란색 건물

■연상으로 나타나는 것은 지금까지의 경험이나 지식 등이 그 색채에 관련되어 나타나는 것이 보통이므로 색의 연상은 보는 사람의 연령이나 성별, 교양, 개인적 경향이나 국민성 등에 따라 다르며 사회적, 역사적, 민족적인 선입관이나 지역적 조건 등과도 관계가 있다.

■색채계획에서 색을 선정하는 경우, 정착된 연상으로 특징적인 의미를 고려하면 좋다. 냉장고, 선풍기 등의 색채는 빨간색이나 주황색보다도 시원함, 상쾌함을 연상시키는 파란색 계통쪽이 자연스러운 선택이라고 할 수 있다. 하지만 최근 들어 냉장고나 에어컨의 색상이 난색인 빨간색 등으로 등장하고 있어 고정관념을 깨는 색 디자인이라 할 수 있다.

그림 2-47 가전제품의 색채

**표 2-5 색의 연상**

| 색명 | 구체적 연상 | 추상적 연상 |
|---|---|---|
| 빨강 | 불, 피, 태양, 적기, 우체통, 딸기, 소방차 | 정열, 강렬, 혁명, 위험, 승리, 애정, 반항 |
| 주황 | 귤, 오렌지, 감 | 온정, 양기, 쾌활, 질투 |
| 노랑 | 레몬, 달, 유채꽃, 신호, 바나나, 달걀노른자 | 평화, 광명, 명쾌, 활발, 안전, 기쁨, 쾌락, 농담, 웃음 |
| 초록 | 잎, 초원, 산, 메론, 개구리, 칠판 | 평화, 희망, 안전, 신선, 자연, 조화, 친절 |
| 청록 | 심해 | 침정, 심원, 엄숙 |
| 파랑 | 바다, 하늘 | 희망, 유구, 청정 |
| 남색 | 도라지 | 고귀, 기품 |
| 보라 | 수국 | 고귀, 우아 |
| 자주 | 목단 | 정열, 우아 |
| 흰색 | 눈, 백지, 설탕 | 결백, 청초, 청결, 위생 |
| 회색 | 구름, 쥐, 재 | 음울, 적막, 침정, 평범 |

그림 2-48 자연을 연상시키는 색채

## 2-5-2 색의 상징

상징은 마치 국가 간의 언어가 다른 것처럼 같은 색이라도 자신들만의 색채를 기호화하여 사용하게 되는 경우이다. 따라서 색채의 상징은 같은 색을 사용해도 의미가 다르게 적용될 수 있다. 즉 색의 상징은 의미를 지닌 일종의 사회적 약속 언어로서의 기능을 가진다. 그것은 각국에서 공통적인 것이기도 하지만 민족적인 전통, 지역적 특색, 생활환경, 습관 등에 따라 전혀 의미가 다르기도 하다.

### 1) 종교의 상징성

원시종교부터 시작하여 모든 종교들은 그들의 신을 찬란한 색채와 결부시켜 숭배해왔다. 이집트에서는 태양을 황금색, 노랑 혹은 빨강으로 상징하였으나, 인도의 일부 지방에서는 태양의 색을 파랑이라고 생각하였다. 고대 그리스에서

그림 2-49 금도금으로 장식한 건축물

는 노랑이나 황금색은 아테네 신을 가리켰고, 인도에서는 부처의 색이 노랑이나 황금색이었다.

### 2) 방위의 상징성

인간은 지구가 네 개의 방위를 가졌으며 방위별로 각기 상징적 색채를 지녔다고 생각해왔다. 우리나라에는 전통적으로 동서남북 및 중앙의 오방(五方)에는 각 방위에 해당하는 정색(正色)이 있다고 생각하였다. 정색은 청, 적, 황, 백, 흑이며, 이를 오방색(五方色)이라고 부른다. 또한 정색과 정색 사이는 간색(間色)이 있는데, 동과 서 사이는 벽색(碧色), 동과 중앙 사이는 녹색(綠色), 남과 서 사이는 홍색(紅色), 남과 북 사이는 자색(紫色), 북과 중앙 사이는 유황색(硫黃色)이 있다. 따라서 한국의 전통 기본색은 정색과 간색을 합한 열 가지 색을 말한다. 조선시대 궁궐이나 사찰에 사용한 단청은 오방색을 이용한 것이며, 색동저고리도 오방색을 사용한 예이다.

그림 2-50 단청

**표 2-6 국가별 방위의 상징**

| 국가명 | 동 | 서 | 남 | 북 |
|---|---|---|---|---|
| 우리나라, 중국 | 파랑 | 흰색 | 빨강 | 검정 |
| 티베트 | 흰색 | 빨강 | 파랑 | 노랑 |
| 고대아일랜드 | 자주 | 암갈색 | 흰색 | 검은색 |
| 미국 | 검은색 | 노랑 | 파랑 | 회색 |

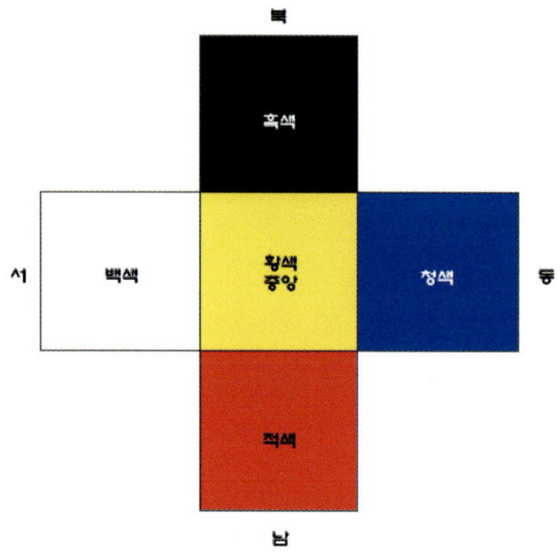


그림 2-51 오정색의 개념

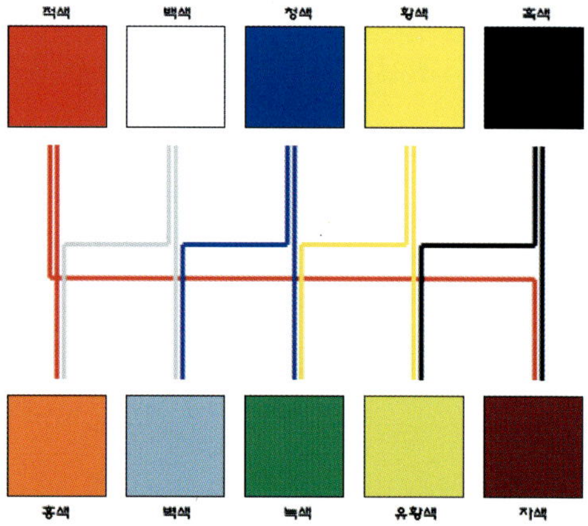


그림 2-52 정색과 간색

### 3) 지역의 상징색

올림픽 마크의 오륜은 5대양을 상징하는 5색으로 되어 있다. 이는 색으로 대륙을 구분하는 것으로 파랑은 유럽, 노랑은 아시아, 검정은 아프리카, 초록은 오스트레일리아, 빨강은 아메리카를 상징하고 있다. 그리고 지도에서는 육지, 바다, 사막, 임야 등을 색으로 구분하고 있다.

그림 2-53 오륜기

### 4) 국기의 상징성

국기는 국가의 권위와 존엄을 상징하는 것으로서 각 국가의 전통과 이상을 특정한 빛깔과 모양으로 나타낸 것이다. 국기의 빛깔은 흰색을 포함하여 빨강, 파랑, 노랑, 녹색 등 선명하고 인식하기 쉬운 것을 사용하는 것이 보통이다. 색이 상징하는 내용은 나라마다 서로 다르다. 같은 흰색인 경우에도 어느 나라에서는 자유, 평화 또는 진리, 순결을 표현하기도 하고, 아르헨티나처럼 자기 나라에 흐르는 강을 나타내는 경우도 있으며, 한국의 태극기처럼 백색 지향 사상의 민족성을 표현하는 경우도 있다. 독립, 정의, 자유, 단결 등의 이념은 특정 빛깔에 한정되어 있지 않고 두루 사용되고 있다.

**표 2-7 국기의 색채가 지니고 있는 내용**

| | |
|---|---|
| **빨간색** | 애국자의 희생적인 피, 정열, 혁명, 박애, 무용 등 |
| **파란색** | 강, 바다, 물, 하늘, 희망, 자유 등 |
| **노란색** | 황금, 국부(國富), 태양, 사막, 번영 등 |
| **녹 색** | 농업, 삼림, 국토와 자연의 아름다움, 번영, 희망, 이슬람교 등 |
| **검정색** | 흑인, 역사의 암흑시대, 고난, 의지 등 |

대한민국

프랑스(종 3색기)

아르헨티나(횡 3색기)

그림 2-54 각 나라의 국기

### 5) 신분이나 계급의 구분

색채로 신분이나 계급을 상징하기도 한다. 우리나라의 경우 봉건시대에는 금색은 황제의 색을 상징하며 서민들은 무채색만 사용하고 혼례 때만 유채색 사용이 허용되었다. 건축의 경우에도 궁궐이나 절에서만 오채(五彩)로 단청을 할 수 있었다. 조선시대에는 품계에 따라 1품~정3품은 홍색, 종3품~6품은 파랑, 7~9품은 초록, 승려는 검정, 연원(練院)은 노랑을 사용하였다. 로마에서는 황제가 목성을 상징하는 자주색 옷을 입었으며, 황제 외에는 자주색 사용을 금지하였다. 인도에서도 신분에 따라 브라만은 흰색, 크샤트리아는 빨강, 바이샤는 노랑, 수드라는 검은색을 사용하였다.

그림 2-55 황제복

그림 2-56 혼례복

### 6) 계절의 상징

사계절에 연상되는 색과 그를 상징하는 색은 다르다. 봄을 연상시키는 색은 벚꽃색, 레몬 옐로 등으로 부드러운 난색계통이 많으나 봄을 상징하는 색은 파란색이다. 여름을 연상시키는 색은 파란색, 흰색, 진한 녹색이나 여름을 상징하는 색은 빨간색이며 늦여름은 노란색으로 상징한다. 가을을 연상하는 색은 포도주색, 진한 코발트블루이며 이를 상징하는 색은 흰색이다. 겨울을 연상하는 색은 회색, 은백색이며 이를 상징하는 색은 검정색이다.

이와 같이 계절에 관계된 색은 연상색인 경우에는 그 계절의 풍경에서 많이 볼 수 있는 색이며 상징색은 색상의 감정과 계절의 감정이 일치되는 것으로 연상색과 상징색은 반드시 일치하지 않음을 알 수 있다.

봄

여름

가을

겨울

그림 2-57 계절의 이미지

### 7) 학문의 구분

미국에서는 단과대학을 상징하는 색을 정해 놓은 경우가 흔하다. 핑크색은 음악, 빨간색을 띤 주황색은 신학, 주황색은 공학, 황금색은 이학, 녹색은 의학, 파란색은 철학, 보라색은 법학, 흰색은 광의의 문학, 검정색은 미학을 상징한다. 우리나라에서도 미국의 영향을 받아 학위복에 두르는 띠의 색상을 그 학문분야에 따른 색으로 구분하여 표현하고 있다.

**표 2-8 학문별 상징색**

| 학 문 별 | 상 징 색 | 학 문 별 | 상 징 색 |
|---|---|---|---|
| 철학 | Dark Blue | 무역, 회계, 상업 | Drah |
| 인문과학 | White | 치과학 | Lilac |
| 미술, 건축학 | Brown | 경제학 | Copper |
| 교육 | Light Blue | 공학 | Orange |
| 자연과학 | Golden Yellow | 산림학 | Russet |
| 사회학 | Citron | 신문학 | Grimson |
| 신학 | Scalet | 도서관학 | Lemon |
| 음악학 | Pink | 공중보건학 | Salmon Pink |
| 수사학 | Silver Gray | 수의학 | Gray |
| 법학 | Purple | 행정, 외교학 | Peacock Blue |
| 의학 | Green | 간호학 | Apricot |
| 농학 | Maize | 약학 | Olive Green |
| 가정, 경제학 | Maroon | 체육학 | Sage Green |
| 미학 | Black | 디자인 | Brown |

### 8) 기업의 상징

■ 기업은 C.I.P를 통해 각 기업의 기업 정신과 사내의 이미지 통일, 그리고 대외홍보용으로 강한 기업의 의식을 표현하고 있다. 기업의 색채를 선택할 때에는 기업의 이념에 맞는 이상적 이미지를 나타낼 수 있는 색채, 눈에 띄기 쉽고 타사와의 차별성이 뛰어난 색채, 여러 가지 소재로 응용할 수 있으며 관리하기 쉬운 색채, 사람에게 불쾌감을 주지 않으며 주위 경관을 손상시키지 않고 조화되는 색채를 선택하여야 한다.

■ 최근 들어 우리나라에서는 선명한 톤을 중심으로 한 색상 중심의 색채 상징에서 연한 색과 진한 색을 함께 사용하여 보다 심도 있게 기업의 정신을 표현한 것도 등장하고 있다. 즉 단순한 색상의 배열에서 톤의 차이, 대비, 배색의 기법 등을 이용하여 강한 원색만의 사용보다 더 좋은 인상을 전달하려는 경향이 나타나고 있다.

(1) 삼성그룹

기업에서 가장 사용 빈도가 높은 파란색을 사용한 경우이다. 1개의 색을 사용하는 경우 강한 이미지를 줄 수 있다. 파란색 단색을 사용하는 경우에는 미래 지향, 전진, 젊음을 상징하는 경우가 대부분이다.

(2) 현대그룹

심벌 마크는 안정감을 느끼게 하는 두 개의 정삼각형으로 이루어져 있다. 삼각형은 인류건축을 대표하는 고대 '피라미드'를 상징한 것이며, 황금색과 초록색은 새싹이 자라 녹음이 되듯 영원히 새롭게  번영하는 것을 의미한다.

(3) LG 그룹

세계, 미래, 젊음, 인간, 기술 등의 5가지 개념과 정서를 형상화시켰으며, 기본적으로는 L과 G를 둥근 원 속에 형상화시켜 무엇보다도 인간이 LG 경영의 중심에 있음을 상징한다. 세계 어디서나 고객과의 친밀한 유대관계를 가지고 고객만족을 위해 최선을 다한다는 결의를 나타내고 있다.

(4) CJ 그룹

종합생활, 문화기업을 지향하는 기업의 의지를 빨강, 노랑, 파랑의 색상을 사용하여 소비생활 속에 건강, 즐거움, 편리의 세 가지 가치를 나타내고 있다.

## 2-5-3 색채 심리

### 1) 온도감

■ 온도감은 가장 기본적인 색채 감정이다. 색채에는 따뜻한 느낌을 주는 것과 찬 느낌을 주는 것이 있는데, 이것은 주로 색상과 관계가 있다. 장파장의 적색 계통은 따뜻한 느낌을, 단파장의 청색 계통은 찬 느낌을 준다. 또한 무채색에서는 명도가 낮을수록 따뜻한 느낌이 들고, 명도가 높을수록 시원한 느낌이 든다.

■색채를 분류하거나 조사하고 기획하는 단계에서 온도감을 최우선으로 하는 이유는 안락함과 불쾌감, 긴장감을 직접 표현하는 색의 수단이 되기 때문이다. 색의 온도감은 실제의 경험과 관련이 있지만 그렇다고 실제의 색과 온도가 반드시 일치하는 것은 아니다.

그림 2-58 난색과 한색

### 2) 무게감

■무게감에 가장 큰 영향을 주는 색의 속성은 명도이다. 고명도의 색은 가벼운 느낌, 저명도의 색은 무거운 느낌을 준다. 색상과 채도도 약간은 관련이 있는데, 밝은 색상과 난색은 가벼워 보이고, 어두운 색상과 한색은 상대적으로 무겁게 보인다.

그림 2-59 가벼운 색과 무거운 색

■색채계획에서 바닥면보다 천장을 어둡게 하거나 벽을 어둡게 하면 불안해 보이고 균형을 잃게 된다. 색에 따라서는 흑, 청, 적, 자, 주황, 녹색, 황, 백 순으로 무겁게 느껴진다.

### 3) 크기감

■크기의 판단에 명도가 크게 영향을 준다. 일반적으로 같은 크기라도 명도가 높을수록 커 보이고(팽창색), 명도가 낮을수록 작아 보인다(수축색).

■채도도 약간의 영향을 주는데 같은 색상에서 채도가 높을수록 팽창해 보여 더욱 크게 보이게 된다.

:: 높은 명도나 높은 채도는 물체의 윤곽선을 흐리게 하여 팽창하는 효과와 함께 실체의 재질이나 용적감을 떨어뜨릴 수도 있다.

그림 2-60 팽창과 수축

### 4) 거리감

■거리의 판단에는 명도와 채도가 영향을 준다. 두 개의 색채 자극이 같은 거리에 있는데도 서로 다른 거리에 있는 것처럼 보이는데, 가까이 보이는 것은 진출색, 멀리 보이는 것은 후퇴색이라 한다.

■채도가 높고 명도가 높은 색은 대개 가깝게 보이지만, 넓이가 커지면 이런 경향은 일치하지 않는다. 따라서 거리의 판단은 채도, 밝기, 넓이 등과 관련이 있다.

그림 2-61 진출색과 후퇴색

### 5) 색의 면적효과

■ 면적의 대소에 따라 색의 보이는 상태가 변화한다. 작은 면적보다 큰 면적 쪽이 밝아서 보다 선명하게 느껴진다. 반대로 어둡게 느껴지는 색은 면적이 커지면 한층 더 어둡게 느껴진다. 이와 같이 면적의 대소에 따라 명도나 채도에 변화를 느끼는 것을 색의 면적효과라고 한다.

:: 색을 선정할 때 색채 견본의 크기도 중요하다.

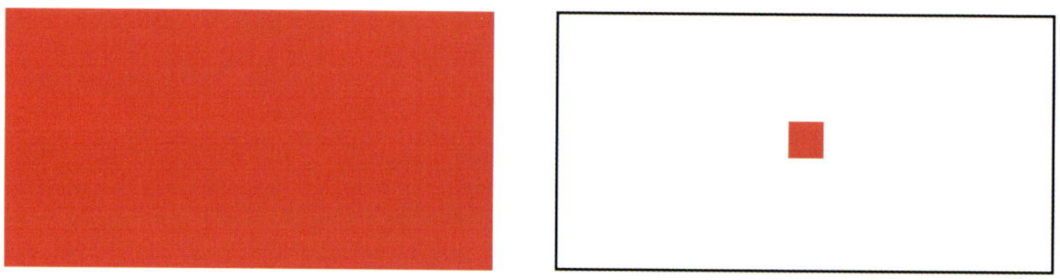

그림 2-62 색의 면적효과

### 6) 색의 시인성

■ 대상의 색채가 인지되기 쉬운 정도를 색의 시인성(visibility of color)이라 한다. 시인성은 그 색 고유의 특성에 의한 것이라기보다는 배경과의 관계에 의해 결정되는 경우가 많아 명도 차이가 가장 큰 요인이며, 그 다음으로 채도, 색상 차이가 클수록 시인성이 높아진다.

■ 검정색 배경일 때 시인성은 노랑, 주황, 빨강은 높고, 보라, 자주, 파랑 등은 낮으며, 흰색 배경일 때는 이와 반대이다.

그림 2-63 배색에 따른 시인성

### 7) 흥분감과 진정감

채도의 효과가 강하면 강열하게 느껴지는데, 난색계나 고채도색은 자극이 강해서 흥분하게 하는 흥분색이고, 한색계나 저채도색은 마음을 진정시키는 진정색이다. 흥분색은 혈압을 올려 신체 전체의 기능을 촉진시키고, 진정색은 혈압을 내려 차분하게 해준다.

그림 2-64 흥분감과 진정감

### 2-5-4 색채와 공간의 이미지

공간을 어떠한 분위기, 이미지, 스타일로 할 것인가에 대한 개념 설정에서 부터 색채 선택은 출발한다. 공간의 사용자와 공간의 사용목적 또는 추구하는 효과를 분석하여 그 기능에 적합한 색채 이미지를 설정하여야 한다. 밝다, 따뜻하다 또는 모던인가 클래식인가 등의 개념을 바탕으로 색채 자체가 지니고 있는 특성을 고려하여 공간에 적용함으로써 공간의 이미지는 달라진다.

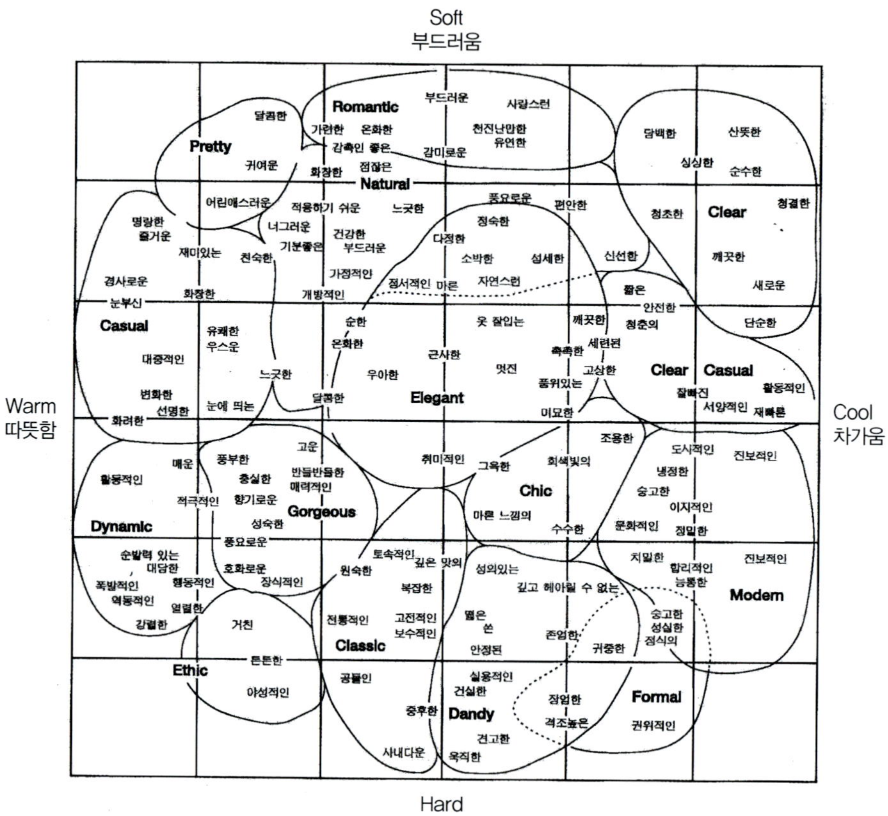


그림 2-65 언어이미지 스케일

**표 2-9 색채 이미지**

| 이미지 | 색채 | 이미지 | 색채 |
|---|---|---|---|
| 고급스러운 | 금색, 은색, 흰색, 검정 | 천박한 | 적자, 주황 |
| 고상한 | 흰색, 검정, 연한 청록 | 음침한 | 어두운 회색, 회색, 카키색 |
| 쾌활한 | 주황, 노랑, 빨강 | 외로운 | 회색, 파란 회색, 밝은 회색 |
| 활기찬 | 주황, 노랑, 적자 | 온화한 | 물색, 크림색, 연한 파랑 |
| 격한 | 빨강, 노랑, 주황 | 조용한 | 연한 남색, 밝은 회색, 물색 |
| 즐거운 | 노랑, 주황, 물색 | 지저분한 | 카키색, 어두운 회색, 어두운 갈색 |
| 아름다운 | 크림색, 연한 청록, 물색 | 쓴맛의 | 올리브색, 어두운 갈색, 진한 초록 |
| 단맛의 | 핑크, 크림색 | 느끼한 | 자주, 어두운 자주, 보라 |
| 산뜻한 | 흰색, 카나리아색, 물색 | 여성적인 | 핑크, 자주, 크림색 |
| 남성적인 | 회색, 감색, 검정, 어두운 청록 | 불안한 | 회색, 어두운 회색, 검정 |
| 행복한 | 핑크, 크림색 | | |

### 1) 캐주얼한 이미지

■ 캐주얼(casual)은 자유분방하고 활동적인 분위기를 말하며, 격식과 제약에서 벗어난 자유로움, 생동감, 역동성, 복잡성 등이 캐주얼한 이미지의 대표적인 특성이다.

■ 캐주얼한 이미지를 색채로 표현하는 방법은 강렬하고 화려한 톤의 다양한 색상과 밝은 톤을 사용하여 억제된 느낌이 없이 감정을 자유롭게 표현한 배색이다. 화려한 색상에 흰색을 섞으면 즐겁고 명랑한 느낌, 어린이와 같은 천진한 느낌이나 원초적인 이미지를 준다.

그림 2-66 캐주얼 배색 팔레트와 이미지

### 2) 로맨틱한 이미지

■ 로맨틱(romantic) 이미지는 프랑스의 로코코 양식이 유행되던 18세기의 이념적 추구와 결부된다. 로코코 양식은 직선적인 것을 기피하였으며 모든 것을 부드러운 곡선으로 표현하였다. 따라서 로맨틱한 이미지의 형태적 특성은 곡선이며, 레이스나 리본 등 매우 여성적인 감성으로 표현된다.

그림 2-67 로맨틱 배색 팔레트와 이미지

색채디자인

■ 로맨틱한 이미지를 색채로 나타내기 위한 방법은 다양한 밝은 톤을 주조색으로 하고, 차분한 톤을 보조색으로 하는 배색이다. 부드럽고 꿈결같은 다정한 이미지로 엷고 부드러운 청색계와 백색계를 배합하여 맑은 이미지를 자아낸다.

### 3) 귀여운 이미지

■ 귀여운(pretty) 이미지는 귀엽고 소녀와 같으며 화사하고 부드러운 이미지로, 부드럽고 로맨틱한 이미지보다는 약간 화려한 느낌이 드는 귀엽고 달콤한 이미지이다.

■ 귀여운 이미지에 어울리는 색상은 따뜻한 계열의 밝고 부드러운 노랑, 주황, 노란 연두, 분홍 등이다.

그림 2-68 귀여운 배색 팔레트와 이미지

### 4) 우아한 이미지

■ 우아한(elegant) 이미지는 세련된 여성적 이미지로 서양 전통양식 중 신고전양식을 연상시킨다. 신고전양식은 클래식의 엄격한 질서미를 추구하면서도 비교적 간결하며 가볍고 온화한 느낌을 준다. 우아한 이미지의 형태적 표현은 가는 기둥이나 다리, 완만한 곡선, 가볍고 섬세한 장식적 특성 등으로 나타난다.

그림 2-69 우아한 배색 팔레트와 이미지

■옅은 탁색계를 중심으로 한 온화한 느낌의 배색으로 섬세한 느낌을 주기 위해서는 부드러운 민트그린, 회색이 낀 보라, 밝으면서 채도가 낮은 노란색 등의 주조색이 효과적이다.

### 5) 클래식한 이미지

■클래식(classic)한 이미지는 현대인에게 선호되는 이미지 중의 하나로 고전적 또는 전통적이라는 의미가 있으며 보수적이고 품격이 높고 중후하며 전통미가 감도는 이미지이다. 클래식에서 추구하는 이미지는 규범적이고 풍요로움 속에서도 절제된 미, 그리고 우아한 곡선과 섬세한 디테일을 중시한다.

■클래식한 이미지를 색채로 표현하는 방법은 어둡고 무거운 톤과 화려한 톤의 다양한 색채들로 보색대비를 이루어 절제된 가운데 풍부함을 나타내는 배색이다.

그림 2-70 클래식한 배색 팔레트와 이미지

### 6) 내추럴한 이미지

■내추럴(natural)한 이미지는 자연의 소재에서 흔히 발견되는 편안하고 친근감 있는 이미지로 순색이 지닌 강렬함이 중화된 색으로 수수하고 소박하며 안정감 있는 이미지를 갖는다. 기계적인 도시 이미지와는 상반된 느낌으로 목재, 무명, 토기, 흙 등 자연적인 소재를 연상시킨다.

■색상에 있어서는 중성화된 다양한 갈색으로 표현될 수 있으며, 온화하고 부드러운 감각을 바탕으로 YR~GY계의 색상을 중심으로 배열한다.

그림 2-71 내추럴한 배색 팔레트와 이미지

### 7) 모던한 이미지

■모던(modern)한 이미지는 현대적이라는 의미를 갖고 있으며, 도회적 감성을 표현하고, 기능적이면서 심플하고 장식성과 복잡성을 배제하고 단순성과 순수성을 추구하는 이념이다. 따라서 형태적 표현은 수직선과 수평선의 직선과 기하학적인 곡선, 원 등으로 나타나며, 재료적인 특성으로는 회색의 콘크리트, 유리, 금속, 플라스틱 등이다.

■모던한 이미지를 색채로 나타내는 방법은 단순한 느낌의 흰색과 검정, 회색과 단순한 강조색으로 빨강이나 파랑 등의 순색을 사용하는 배색이다.

그림 2-72 모던한 배색 팔레트와 이미지

# 2-6 색채조절

## 2-6-1 색채조절의 목적과 효과

■ 색채조절(color conditioning)은 단순히 개인의 기호에 따라 건물, 설비, 집기 등에 사용하는 것이 아니라, 색 자체가 가지고 있는 심리적, 생리적, 물리적 성질을 이용하여 인간의 생활이나 작업의 분위기 또는 환경을 쾌적하고, 보다 능률적으로 만들기 위해 색을 조절하는 것이다. 이 때 재료 자체의 고유색에 의존하는 소극적 설계나 비과학적인 디자인 감각에 기초하는 비합리적인 색채계획은 색채조절이라 하지 않는다.

■ 색채조절 계획을 세울 때에는 다음과 같은 사항을 고려하여야 한다.

① 건축이나 그 밖에 필요한 장소에 따른 기능을 철저히 조사하여 그 기능을 만족시키는 데 중점을 두어야 한다. 이 공간에 어떤 사람이, 어떤 일을, 무엇에 대하여 하는가를 알아야 한다.

② 건축의 평면계획에 있어 방의 기능적인 분류에 대응하여 색채계획 상의 분류를 한다. 천장, 벽, 바닥과 같은 큰 부분부터 창틀과 액자와 같은 작은 부분 순으로 세밀하게 계획한다.

③ 조명의 효율을 높이고 시각적 판단이 쉽도록 적절한 배색을 하여 능률성을 고려하여야 한다. 사고, 위험에 대한 안전색채를 선택하고 안전성을 고려하여야 하며, 물리적 환경 조건에 맞는 기능적인 배색을 하여 쾌적성을 고려하여야 한다. 또한 시각전달의 목적에 부합된 색채를 고려하여 심미성을 향상시키도록 하여야 한다. 능률성, 안전성, 쾌적성, 심미성을 색채조절의 4대 요건이라고 한다.

하지만 최근에는 객관적으로 색채조절의 효과를 검증하기 어려워 그다지 많이 사용되지는 않고 있다.

그림 2-73  거리의 색채조절

:: 색채조절의 효과 및 활용범위

직접효과 : 주위의 환기, 피로 감소, 위험 표시, 시력의 향상, 주의 집중력과 판단력 향상

간접효과 : 정신적 의욕을 향상으로 능률 증대, 사고 예방, 기능 향상, 분위기의 개선

활용범위 : 사무소, 병원(수술실벽을 청록색으로), 학교, 공장, 선박, 전철, 버스

## 2-6-2 건축공간의 색채조절

### 1) 일반적인 기준

#### (1) 명도조절

실내 전체의 입체적인 안정감에는 명도의 균형이 가장 큰 영향을 주기 때문에 위에서부터 아래로 명도를 차츰 낮추는 것이 좋다. 실제로 권장되는 명도값은 천장면의 경우 조명효과를 고려하여 명도 9 이상, 벽은 작업 대상물의 명도나 피부색

그림 2-74  명도조절이 적용된 실내

밝기를 고려하여 명도 8 전후, 바닥은 실내에 배치되는 가구 등의 입체감의 영향과 조명효과, 그리고 심리적 안정감을 고려하여 명도 6 전후가 좋다.

(2) 채도조절

■ 우리는 실내에 오랜 시간 머무는 것이 보통이므로 악센트가 되는 벽걸이, 그림, 창문 등을 제외한 넓은 면적을 차지하는 벽면은 채도를 낮게 해야 한다.

채도가 높으면, 눈이 쉽게 피로해지고 천장과 벽면이 서로 반사광에 의하여 채도가 높아지는 경향이 있기 때문이다.

그림 2-75 채도조절이 적용된 실내

■ 작업장의 경우, 면적이 넓을 때는 채도를 4 이하로 하여 자극적이지 않도록 해야 피로가 적다. 고채도의 색은 작은 면적에 악센트로 사용하는 것이 좋다. 벽면의 적당한 채도는 명도와 색상에 따라 달라지지만 대체적으로 명도 9 정도에서는 채도 1 이하, 명도 7~8 정도에서는 채도 1~2, 명도 5~6 정도에서는 채도 2~4 정도가 적당하다.

(3) 색상조절

■ 색상의 수는 가능한 줄이도록 하고, 배색 이미지 스케일을 활용하는 것이 좋다. 그리고 차가운 색과 따뜻한 색, 밝은 색과 어두운 색 등 그 성질이 가까운 색을 그룹으로 크게 나누고, 주제와 배경과의 대비를 생각하고 색의 주목성을 이용하는 것이 좋다.

그림 2-76 색상조절이 적용된 실내

■ 색조는 공간의 사용목적에 따라 달라지나 그 선택에 따라 실내분위기가 크게 좌우된다. 주택에서는 YR, Y, GY, N, PB, BG, R, RP, 공장에서는 G, GY, B, PB, BG, Y, N, R, P, RP의 순으로 많이 사용된다. 보통 천장은 명도 9 전후일

때는 10YR~2.5Y에 걸친 색상과 10B~2.5PB에 걸친 색상이 좋다. 벽면은 명도 7~8 정도일 때는 YR~GY, B~PB가 좋으며, 바닥은 명도 5 이하일 경우 반사광이나 배경색에 영향을 받지 않으므로 천장, 벽면과 조화되는 색상으로 한다.

∷실내는 특별한 요구가 없는 한 사람의 피부색을 고려하여 색상 조절을 하여야 한다. 동양 사람의 피부색은 주황 계통이므로 녹색 기미가 가미되면 생기를 잃어버리게 되므로 주의하여야 한다.

### 2) 기능과 환경에 따른 색채조절

사람은 색의 3속성 중에서 명도와 채도에 의해 강한 자극을 받는 편이며, 색상에 의해서는 특유한 감정을 갖게 된다는 것이 심리학적으로 밝혀졌다. 따라서 현관, 홀, 로비 등과 같이 매우 활발한 활동이 이루어지는 동적인 장소에는 비교적 강한 색을 사용하는 것이 좋으며, 반대로 사무실, 교실, 병실 등과 같이 정적인 활동이 중심이 되는 곳이나 장시간 머무르는 도서실, 거실과 같은 경우에는 자극이 약한 색을 사용하여야 한다.

### 3) 방의 크기와 형에 의한 색채조절

사무실이나 홀 등과 같이 넓은 공간과는 달리 복도나 화장실 등의 좁은 공간은 벽면사이의 거리가 좁아 반사광이 심하므로 채도가 높게 보일 가능성이 크기 때문에 채도를 아주 낮게(보통 채도 1 이하) 하는 것이 좋다. 반대로 매우 큰 공간이나 천장이 높은 공간은 크림색 계통(2.5Y 8~8.5/ 2~3.5)이 좋은 느낌을 준다.

그림 2-77 대기공간의 차분한 벽체색

그림 2-78 화사한 레스토랑 내부의 색채

# 2-7 색채계획

■ 색채계획(color planning)은 색채조절보다 진보된 개념이다. 색채조절이 마치 수학과도 같이 정해진 색채를 정해진 방법에 의하여 안전과 효과 위주의 설계를 하는 것이라면, 색채계획은 설계자의 의도와 미적인 계획, 그리고 보다 다양한 기능성을 부여하는 것이다. 색채계획의 기본 요소로는 이미지 연상, 상징, 색채의 기능성, 안전색, 금지색 등 복합적인 분야를 적용하여 계획하게 된다. 대체로 색채계획은 조사, 기본계획, 실시계획, 시공감리 등 4단계를 거치게 된다.

■ 색채계획을 하기 위해서는 다음과 같은 사항이 필요하다.

① 색채환경을 분석할 수 있어야 한다. 색채예측자료의 수집능력, 색채의 변별, 조색 능력이 필요하다.

② 색채심리분석을 할 수 있어야 한다. 심리조사능력, 색채구성능력이 필요하다.

③ 색채전달계획을 수립할 수 있어야 한다. 타사 제품과 차별화할 수 있는 마케팅 능력과 컬러 컨설턴트 능력이 필요하다.

④ 색채계획을 최종 디자인에 적용할 수 있어야 한다. 색채의 규격과 색채 품목 번호, 색채 품목번호 자료철의 작성, 색채를 이용한 전체적인 작업과정을 관장하는 아트 디렉터(art director)의 능력이 필요하다.

**표 2-10 색채계획 단계**

| 단 계 | 내 용 |
|---|---|
| 조사 단계 | 정확한 색채표를 이용하거나 공인된 색채 검사표를 사용하여 편견없이 조사하고 분석 |
| 기본계획 단계 | 색채의 전체적인 컨셉 수립, 방향 설정, 색채를 사용목적에 맞도록 계획자의 의도와 효과를 명확하게 정의 |
| 실시계획 단계 | 기본 계획에서 정해진 색을 컨셉에 맞는 사용 방법과 구체적인 색채 좌표와 생산에 관한 처방 설정 |
| 시공감리 단계 | 매뉴얼 작성을 통해 반드시 현장에서 기본계획부터 실시단계까지 잘 표현되었는지 검사 |

### 2-7-1 주택공간의 색채환경

#### 1) 현관

현관은 거주자뿐만 아니라 집을 방문하는 사람들에게 환영하는 분위기가 되도록 디자인되어야 한다. 대부분 현관에서 보내는 시간이 짧으므로 진하고 생기 있는 색을 사용하도록 한다. 그러나 현관의 규모가 작고 자연광을 적게 받는 경우에는 따뜻한 느낌을 줄 수 있는 베이지색이나 흰색과 같이 밝게 사용하는 것이 바람직하다.

그림 2-79 현관

#### 2) 거실

■ 거실은 강렬한 색의 과다한 사용보다는 밝고 아늑하면서 안정감이 있고 싫증이 나지 않는 배색을 해야 한다. 대체로 엷은 무채색, 중간색, 밝은 계통의 색(아이보리색, 파스텔 색조, 채도가 낮은 중성색의 밝은 톤 등)이 실내를 차분하게 가라앉혀 준다.

그림 2-80 거실

■ 차가운 색상으로 계획했을지라도 악센트의 요소들에 따뜻한 색조로 대비를 주면 효과적이다. 공간의 크기에 따라 면적이 작을 때는 단색이나 유사색의 사용이 좋으며, 넓을 때는 보색대비의 다양성 연출도 흥미와 활기가 있다.

■ 가족구성에 있어 어른이 주로 사용하는 거실은 차분한 분위기의 색조로 하게 되지만, 어린이의 사용이 많은 거실은 활발한 느낌을 주는 배색을 하는 것이 좋다. 거실이 아주 넓을 경우는 한색 계통보다는 난색 계통이 아늑함을 가져다준다.

### 3) 부엌과 식당

■부엌은 주부가 가사일을 할 때 작업능률을 올릴 수 있고 피로감을 덜어줄 수 있는 쾌적한 실내로 꾸며져야 한다. 주방의 색채는 밝고 연한 색으로 계획해야 깨끗해 보이고, 다른 가구나 물건들과도 잘 어울린다.

■좁은 부엌에서는 상호반사를 고려하여 채도를 낮게 하는 것이 좋으며, 색상은 무채색, 엷은 크림색, 남색 등으로 하는 것이 좋다. 특히 주방의 모든 기기가 색채를 갖고 있기 때문에 수납체계가 효과적으로 이루어져야 하며 밖으로 돌출되는 기기의 색상을 잘 고려해서 깨끗하고 단정한 느낌으로 전체적으로 색상이 정리되어야 한다.

■식당의 내장재는 밝고 따뜻한 질감으로 하며, 실내 색채는 식욕을 돋워 줄 수 있는 난색 계열로 계획하고 식탁은 음식물의 색과 대비의 효과가 있는 색상(G, BG, PB)을 사용하는 것이 좋다.

그림 2-81 부엌

### 3) 침실

■침실은 독립적인 공간이므로 색채선택은 거주자의 선호에 맞는 색채계획이 가능한 공간이다. 다만 누워서 보는 천장이나 벽면 전체에 강렬한 색을 사용하는 것은 피하는 것이 좋으며, 한 실내에서는 세 가지 이상의 색을 쓰지 않는 것이 바람직하다.

■파란색은 침실의 이상적인 색채로 긴장을 완화시켜 주고 피곤함을 덜어주며 신선함과 안락감을 제공한다. 오렌지색은 여성적이고 따뜻하고 명랑한 분위기를 조성하며 빛이 잘 들지 않는 실내에 적당한 색이다. 녹색은 어느 실내에서나 가장 무난한 색으로 통한다. 진녹색이나 회녹색, 연두색,

그림 2-82 침실

에메랄드색 등은 그 강렬함 때문에 조금씩 쓰였을 때 아주 좋은 극적 효과를 낸다.

#### 4) 어린이방

■ 색채가 아동의 인성에 미치는 영향이 크므로 신중하게 계획하여야 한다. 밝고 안정감 있는 중간색조 또는 무채색을 큰 면적이 차지하는 부분에 사용하고, 아이들이 선호하는 채도 높은 강렬한 색의 순색은 많은 면적에 사용하면 정서적으로 안정감을 주지 못하므로 액세서리나 포인트로만 사용하여 흥미를 유발시키도록 한다.

그림 2-83 자녀방

■ 활동적인 어린이의 방에는 파란색이 좋으나, 일반적인 아동실은 분홍색, 살구색, 연한 아몬드 화이트와 라벤더색이 무난하다. 크림색의 사용은 정신적인 면에서 부드러움을 주고 논리적이고 명백한 사고를 진작시키는 동시에 아이의 마음을 안정시킨다.

#### 5) 욕실과 화장실

■ 욕실은 위생적인 공간으로서 청결하고 편안한 분위기가 되도록 계획하여야 하는데, 밝고 깨끗한 느낌의 한색계통이 쾌적한 느낌을 주는 경향이 있다. 좁은 공간의 욕실은 명도가 높은 색을 쓰면 넓어 보이고, 욕실 바닥에 타일을 쓸 경우 대비되는 색깔의 타일을 혼용하여 쓰면 변화를 줄 수 있다.

그림 2-84 욕실

■ 문은 전체 벽 면적에 비해 상당한 면적을 차지하고 있으므로 벽면과 같은 정도의 명도로 하는 것이 무난하다.

색상은 일반적으로 벽면이나 바닥면 모두 5BG~2.5PB 정도가 피부색과의 대비가 좋고, 따뜻한 느낌을 원하는 경우에는 2.5YR~7.5YR 정도가 좋다. 또한 공간이 좁기 때문에 채도는 벽면을 1 정도, 바닥면은 2 이하의 저채도로 하는 것이 바람직하다.

#### 6) 서재

■ 서재는 작업의 성격에 따라, 현대적인 감성이 요구되는 서재일 때는 차가운 계열의 색상이 좋고, 전통적이고 깊은 사고를 필요로 하는 성격일 때는 명도가 낮은 파랑, 녹색, 빨강 계열이 좋다.

그림 2-85 서재

■ 서적 등 대부분의 서재공간을 차지하는 것들이 지니고 있는 색상과 패턴 등을 고려해서 보색대비보다는 단순한 색상계획이 효과적이다.

### 2-7-2 업무공간의 색채환경

작업을 하는 장소의 경우는 시인성과 주목성이 중요하므로 동일색상을 사용하는 것보다 다른 색상을 사용하는 것이 좋다. 또한 사무실 등의 의자가 많은 곳, 사람들이 싫증나기 쉬운 심리상태가 되는 곳은 2색 이상의 배색으로 변화를 주어 보다 쾌적한 장소로 만들도록 한다.

#### 1) 사무영역

■ 사무영역은 안정적이며 작업의 능률을 올릴 수 있는 시선계획을 통하여 개구부나 조명기구의 배치 및 구조를 결정하여야 하고, 각 벽면이나 가구의 색채는 가능한 한 휘도대비가 크지 않도록 하여야 한다.

■ 매일 장시간 작업을 하게 되는 업무공간은 그 사용자에게 적절하게 도움이 되는 색채계획을 세워야 한다. 일반적으로 제한된 장소에서는 생동감 있는 색채를 사용하고, 큰 공간에서는 그와 관련된 안정감 있는 색채를 사용하는 것이 바람직하다.

■현대의 사무실은 각종 사무용 기기들의 보급과 오피스 랜드 스케이핑(office landscaping)의 보급으로 다양한 사무공간의 연출이 가능해졌다. 이들 업무공간을 기능별로 분류하면 업무 부분(사무실, 회의실), 이동 부분(복도, 계단, 엘리베이터 등), 설비 부분(화장실, 세면실 등), 서비스 부분(교환실, 관리사무실, 기계실 등)으로 나눌 수 있다. 색채계획에 있어서 서비스 부분을 제외한 나머지 부분은 일반인들이 주로 사용하는 일련의 공간이므로 함께 취급하여야 하며 서비스 부분과는 구별하여야 한다.

그림 2-86 사무실

### 2) 회의실

■회의실에는 테이블을 둘러싸고 의견을 나누기 때문에 실내의 어느 면이나 극단적으로 휘도대비가 심한 부분이 생기지 않도록 계획한다.

■창면에는 두꺼운 커튼을 사용하여 영상기기를 사용할 때 개폐가 가능하도록 조치하고, 회의실 자체가 경직된 분위기를 가져올 수 있으므로 난색계통으로 처리하는 것이 좋다.

그림 2-87 회의실

### 3) 이동공간

■로비는 강한 색조나 리듬감을 줄 수 있게 계획하고, 다양하고 흥미로운 공간을 만들어 동선을 유도하는 것이 좋다.

■복도는 어두워지기 쉬우므로 각 면의 색채는 바닥면이나 벽면을 모두 밝은 색으로 하여 어두운 기미가 들지 않도록 크림색계통으로 하면 효과적이다.

■계단을 오르내릴 때 눈의 정면으로 광원이 들어오지 않도록 조명기구의 위치에 주의하고 복도부분과 평균조도가 같은 정도로 하는 것이 좋다. 어두워지기 쉬운 계단실 부분은 밝은 색으로 친근감을 주게 한다.

그림 2-88 로비의 벽면

그림 2-89 복도

그림 2-90 계단실

## 2-7-3 병원공간의 색채환경

병원의 경우 다른 건축물에 비해 매우 복잡하고 다양한 기능을 포함하고 있어 설계에 어려운 점이 많다. 종래의 병원의 주조색은 흰색이었다. 흰색은 청결감을 만들어 내는데 도움이 되는 반면 눈부심, 차가움, 소외감 등을 가지게 하는 심리적 문제가 나타나 최근 병원의 색채조절에서는 피하고 있다. 또한 검정색의 철제기기나 기구도 압박감을 주므로 회색이나 엷은 회색으로 채색하는 것이 좋다. 따라서 병원 색채계획의 기본방향은 개개의 기능요구에 적합한 색채계획이 이루어져야 하며, 많은 사람들에게 호감을 줄 수 있는 잘 정돈된 색채계획이 이루어져야 한다.

### 1) 병동부

■ 병동은 입원환자가 진료를 받는 곳으로서 병실과 부속실로 크게 나뉜다. 병동은 진료목적 이외에 환자의 수면, 식사, 요양 등의 일상생활을 겸한다는 점을 고려하여 환자들에게 편안하고 쾌적감이 들 수 있도록 색채계획을 하여야 한다.

■ 병실 천장의 경우 침대에 누워 생활하는 환자가 많으므로 10YR~2.5Y, 명도 8 전후, 채도는 2 이하가 좋다. 병실 벽의 경우 일상적인 생활공간의 느낌이 들도록 10YR~2.5Y, 명도 7~8 정도, 채도 2 이하가 적합하다. 병실의 바닥은 대부분

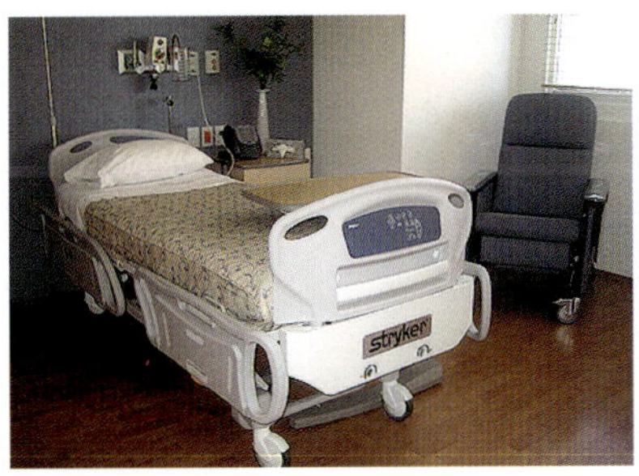

그림 2-91 병실내부

색채 디자인

이 침대로 가려지므로 반사의 정도는 적지만 린넨류와 붕대 등의 흰색의 배경이 되므로 YR~Y, G로 하고 명도는 6 전후, 채도는 4 이하가 좋으며 재질은 환자들의 건강을 위해 청소하기 용이한 재료를 선택해야 한다.

:: 내과계의 병실 : 침착한 한색계
외과계의 병실 : 다소의 자극이 있는 난색계
장기 입원환자와 중환자를 수용하는 병실 : 한색계
경환자와 회복기의 환자의 병실과 신부인과 입원실 : 난색계

### 2) 외래진료부

■ 외래진료부는 진찰, 처치, 치료, 검사 등의 각과 진료관계실과 대기실로 나뉜다. 특히 환자와 의사가 직접 접촉하는 곳으로서 색채계획상으로도 의사의 정확한 진단에 장애가 되지 않아야 하며 환자에게 심리적 부담감을 주어서도 안 된다. 천장의 경우 흰색이 바람직하고 벽의 경우 환자의 배경이 되므로 GY~G가 적당하다.

그림 2-92 외래진료부 대기실

■ 산부인과나 소아과의 경우 환자의 공포심을 줄여 주기 위한 색채계획이 고려되어야 하고 벽면의 경우 Y~YR 정도가 적합하다. 대기실의 경우 환자 이외의 많은 사람들이 머물게 되므로 충분한 밝기와 변화 있는 색채계획으로 지루한 감을 줄이고 즐거운 기분이 들도록 배려하여야 한다.

### 3) 수술실

■ 수술실은 정밀한 작업을 필요로 하므로 의사에게 고도의 긴장 상태를 가져오게 하는 곳인 만큼 특히 시각 환경에 유의해서 색채계획을 하여야 한다.

■ 천장의 경우, 빛의 확산이 좋은 재질로서 원칙적으로 흰색으로 하되 무광택으로 하여 현휘현상이 나타나지 않도록 재질을 정하여야 한다. 특히 벽면의 경우 수술 중 붉은색 피에

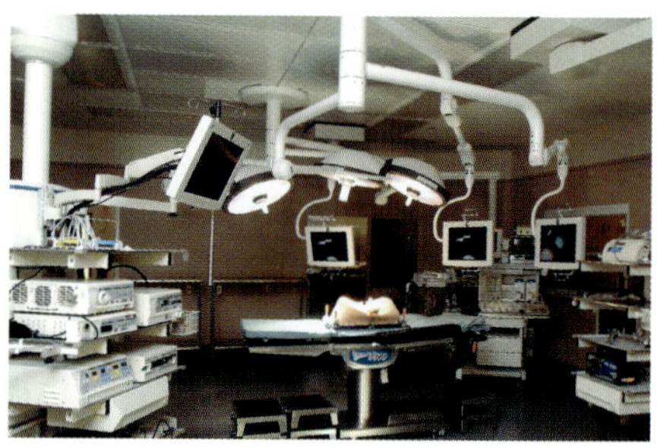
그림 2-93 수술실

의한 잔상을 없애주기 위해 색채계획시 보색인 BG로 하여 잔상에 의한 눈의 피로감을 없애주기 위한 배려가 필요하다. 따라서 벽면 색상의 계획은 명도 8 이상, 채도 2 이하 색상은 B, BG, G가 적합하고, 바닥면의 경우 일반실보다 명도를 높여 6.5~7.5 정도, 채도는 2.5 이하로 하고, 색상은 혈액과의 보색관계를 생각해 2.5YR~5YR이 적당하다.

#### 4) 입구 및 접수처

병원에 중요한 첫인상을 주는 것은 병원의 건물 외관을 제외한다면 바로 입구와 접수처이다. 따라서 색채 심리적, 건축적, 그리고 조형적인 수단을 통해 병원마다 독자적이고도 호의적인 분위기가 입구 및 접수처에서 형성되어야 한다.

그림 2-94 입구의 대기공간

### 2-7-4 학교공간의 색채환경

교육학자 브룸(Bloom)은 풍요로운 환경에서 자라나는 어린이일수록 다양한 정서를 가지고 있으며, 색채감각이나 지능발달측면에서도 많은 차이를 보여준다고 하였다. 색채는 물리적 교육환경뿐 아니라 심리적 교육환경을 구성하는 요소로서 학생들의 건강과 관련된 조절된 교육환경을 구성하는데 있어서도 필수적이다. 따라서 즐겁고 효율적인 교육환경을 구성하는데 있어서 색채를 세심하게 조절하여 사용할 수 있는 체계적인 색채계획이 요구된다.

학교의 색채환경은 인식을 하든 못하든 학생들의 무의식 속에 잠재되어 있으면서 생활활동 전반에 반영되어 감성과 태도 등 행동패턴을 형성하는데 영향을 주며, 기질이나 학습의 효율, 그리고 건강에까지 영향을 미치게 된다.

#### 1) 교실 부분

일반교실은 학생들이 학습활동 및 사고활동, 토의놀이, 생활을 하는 곳으로서 색상이 차분하여야 하며 이지적이고 밝고 명랑한 색이어야 한다.

색상의 계통은 교실의 종류에 따라 변하기 쉽고, 초등학교 저학년 교실에서는 심적으로 안정될 수 있는 난색계, 고학년 교실의 경우는 사고활동을 촉진시킬 수 있는 한색계가 좋다. 또 여학생 교실은 난색계, 남학생 교실은 한색계로 하는 경우도 있다. 특별교실에 있어서는 이과계의 경우 관찰대상물의 색채가 정확하게 보이는 회색계, 미술교실의 경우도 색채를 다루기 쉬운 회색계, 음악교실의 경우는 감정을 솟구치게 하는 난색계, 조리교실의 경우 식품을 취급하기 때문에 청결감을 주는 흰색이나 녹색(G)계열 등을 중심으로 하면 좋다.

#### 2) 공용 부분

강당의 경우 전교생이 모이거나 지역주민들에게 개방되는 장소로서 시선을 쉽게 끌 수 있고, 품위가 떨어지지 않도록 하여야 하며 색채계획도 변화를 주어 강한 색을 선택하여도 좋다. 복도는 지루하고 어둡기 때문에 천장과 악센트 색을 사용하고 형태적으로 변화를 주어 재미있게 구성하는 것이 좋다.

그림 2-95 영국 초등학교 일반교실

그림 2-96 영국 초등학교 복도, 로비공간

그림 2-97 프랑스 초등학교 식당

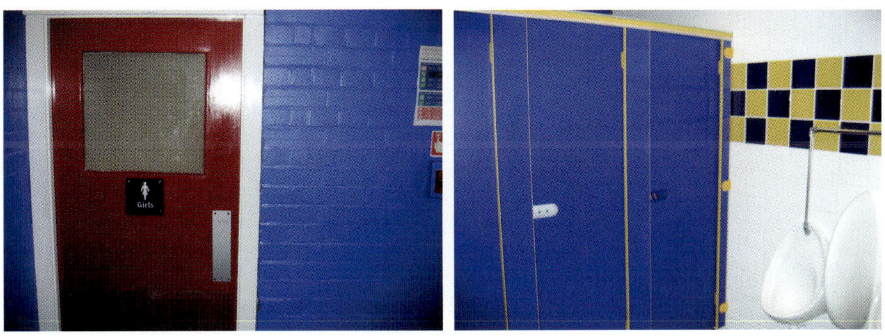

그림 2-98 화장실

제 3 장

# 조명 디자인

# 3-1 광원

### 3-1-1 광원의 역사

#### 1) 자연채광

■ 자연채광은 인공적으로 만들어진 광원에 의한 것은 아니지만 우리가 이용하기 위해서 건축물을 통한 유입량과 유입각도 등을 이용하여 다양하게 연출한 역사를 가지고 있다. 18세기까지 인류는 실내조명용으로 자연광을 이용하기 위한 다양한 방법을 개발하여 왔고, 이로 인해 모든 건축물들과 공간 디자인은 지역 조건에 따라 자연광의 유입에 적합하도록 발전하였다. 즉 실의 크기는 자연채광과 환기조건에 의해 결정되었다.

■ 한대지역에는 가능한 자연광을 많이 받아들일 수 있도록 높은 곳에 큰 창을 가진 건축물이 발달하였으며, 스테인드글라스 등의 개발로 실내공간에 균일한 조도를 제공할 수 있도록 하였다. 자연광이 강한 열대지역은 대부분 낮은 창을 지니고 외부 벽은 빛을 잘 반사하는 흰색으로 처리하여 빛이 직접 들어오지 않도록 계획하였다.

그림 3-1 스테인드글라스를 이용한 창문

■ 건축물은 실내에 유입되는 자연채광을 건축물의 심리적 요소와 지각심리적 요소에 적용하였으며, 실내로 유입된 빛과 그림자의 상호작용을 통한 삼차원적 공간의 극적 효과를 적절히 연출하기 위한 디자인이 많이 고안되었다. 그 예로 강력한 직사광선 아래 부조, 가로대 또는 기둥의 플루팅 등은 그 깊이가 얕아도 강한 그림자로 인해 깊게 보이며 산란광의 경우에는 반대의 효과가 있다.

■ 채광은 심리적 수준에서 인간이 느끼는 감정을 제어할 수 있다. 고대 이집트 카르나크나 아부심벨(Karnak Abu Simbel)의 아문-레(Amun-Re) 태양신

사원은 모든 공간에 자연광을 균등하게 유입하지 않고, 주요 내부 공간을 강조하기 위한 수단으로 자연광을 유입하였다. 즉 신전 입구에서 점점 어두워지는 기둥을 지나 어두운 실내에 익숙해지다가 극적으로 매우 밝은 모습의 신을 만나도록 계획하였다. 이같이 재단 부분을 강조하는 자연채광 기법은 로마의 판테온 신전(Pantheon)에서도 잘 나타나 있다.

그림 3-2 자연채광

### 2) 인공조명

(1) 램프 발명 이전

인류의 역사에서 태양이 아닌 인공적인 빛은 불의 이용과 함께 등장하였다. 불의 사용은 원시적인 도구와 함께 인류가 이룬 가장 큰 업적이다. 인류가 처음 불의 사용법을 발견한 때는 약 50만 년 전으로 추정한다. 당시 불은 어둠을 밝히기 위한 수단이라기보다는 난방과 짐승으로부터의 보호, 그리고 음식을 익히기 위한 수단으로 쓰였다.

그림 3-3 최초의 인공 빛인 모닥불

(2) 초창기의 램프

■ 선사시대에 개발된 등잔은 상당히 오랫동안 실내조명의 광원으로 이용되었다. 등잔은 초의 등장 후에도 널리 사용되며 계속 발전하여 이후 화려한 샹들리에와 양초꽂이 등 다양한 형태로 조명방식이 발전하였다.

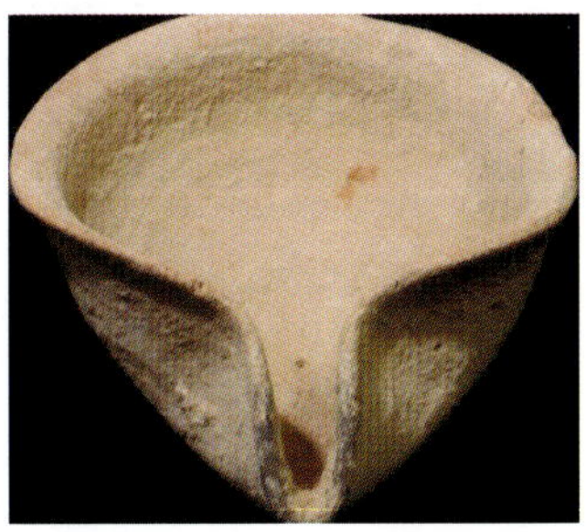

그림 3-4 철기시대의 석유등

■ 초창기의 램프는 오목하게 갈아 만든 원시적인 형태로, 18세기까지 전 세계에서 사용

되었다. 연료는 물고기나 고래의 기름, 가축의 지방, 올리브, 참깨, 땅콩, 코코넛, 야자 등 동식물성 기름이 주로 사용되었고, 때로는 동물의 시체에서 채취한 지방을 연료로 쓰기도 하였다.

(3) 양초와 횃불

■ 양초는 기름을 이용한 램프보다 나중에 등장한 것으로 로마에서 발명되었다. 초창기의 양초는 동물의 지방이나 밀랍으로 만들었다. 그 후 1780년부터 향유고래의 지방에서 추출한 경랍이 양초의 원료로 쓰였고, 1830년부터 동식물성 지방을 화학처리하여 만든 스테아린(stearin)이 등장하였다. 19세기 후반에는 파라핀(paraffin)이 사용되었는데, 면을 꼬아 만든 심지가 달린 이 제품이 오늘날까지 쓰이고 있는 형태의 가정용 양초이다.

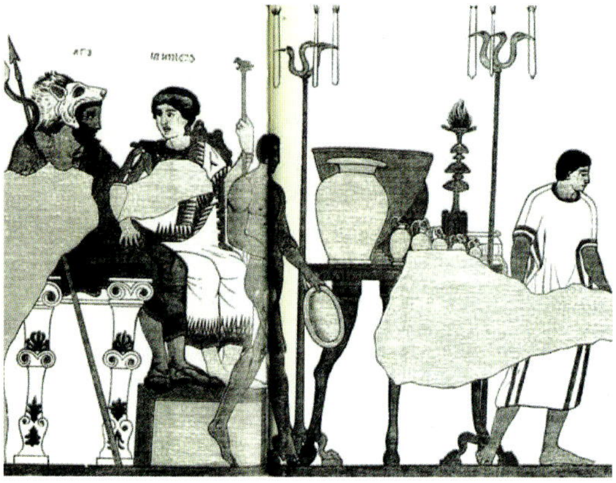
그림 3-5 오르비에트의 골리니 분묘벽화

■ 야외에서 쓰인 램프는 주로 횃불 형태로 막대기 끝에 줄을 감고 묶고 송진이나 기름, 피치 등을 묻혀 불을 붙였다. 횃불이 대도시의 가로등 역할을 하게 된 것은 17세기 중반 이후부터이다.

(4) 등유 램프

■ 18세기에 들어와 라보와지에(Antonie Lavoisier)의 실험을 통해 연소가 화학작용의 한 형태이며, 불꽃이 일어나려면 공기가 있어야 한다는 것을 알게 되었다. 이를 통해 새로이 발견한 사실들은 1773년부터 조명분야에 응용하게 되었다.

그림 3-6 등유램프

■ 프랑소와 아르강(Francois-Pierre

Argand)은 그의 이름을 본떠 아르강 램프라는 등잔을 만들었으며, 이는 근대적 오일 램프의 효시가 되며, 근대식 파라핀 램프도 이와 같은 원리를 이용한 것이다. 이 램프는 원통형 심지를 지닌 등잔으로 심지의 외부에서 뿐만 아니라 내부를 통해서도 공기가 공급되도록 고안하였다. 이와 같은 산소 공급 방식의 개선과 심지 표면의 확장으로 조명효율이 극적으로 향상되었다.

■ 램프의 발전과 개량이 계속되었지만 연료만은 계속 식물성 연료에 머물렀다. 그 후 1847년 스코트만영에 의해 석유를 정제하는 기술이 개발되어 등유를 생산하게 되었으며, 1860년 즈음에 등유의 가격이 싸져 대중화되었다. 이 시기에 등장한 등유 램프는 빅토리아 시대(1837~1901)에는 거의 모든 계층에서 사용할 만큼 확산되었으며, 12개의 램프가 연결된 등유램프가 등장하였고, 휴대용, 산업용, 가로등, 자전거 전조등으로도 쓰였다. 1879년 이후부터 다루기 쉬우며 튼튼하고 가격이 싸다는 장점에도 불구하고 가스등과 전기등의 등장으로 등유 램프는 자리를 내주게 되었다.

(5) 가스등

■ 17세기부터 인간은 연소가 가능한 가스의 존재에 대해 인지하고 있었으나, 가스에 대한 체계적인 이해가 이루어진 근대에 석탄 광석에서 조명용 가스를 대량 채취할 수 있는 기술개발과 더불어 새로운 광원으로 가스가 활용되었다. 천연가스는 지하 450~500m의 암염광상 밑에서 대(竹)로 만든 파이프를 사용하여 지상으로 끌어올려 가정에서 조명으로 이용되었다.

그림 3-7 가스등

그림 3-8 아르강램프

■ 18세기 말경, 미켈레이어의 강의실 조명실험 이외에도 공장 및 주택 조명실험과 윌리엄 머독(W. Murdock)

의 자동차용 조명실험 등이 실시되었다. 이러한 실험으로 기존의 광원보다 훨씬 밝은 밝기를 얻을 수 있는 새로운 광원이 개발되었으나 고가의 조명용 가스 생산비용 및 고약한 냄새 때문에 적극적인 활용은 어려웠다.

■ 그 후 기술개발로 인하여 가스등의 효율성은 점진적으로 향상되었으며, 다양한 버너가 개발되었고, 불꽃 크기가 커지면서 조도를 높이게 되었다. 심지의 양쪽에서 산소가 공급되어 고리 모양의 불꽃을 발하는 아르강 램프(A′rgand lamp)의 원리를 가스등에도 적용하였고, 가스등의 조명효율은 더욱 높아지게 되었다.

(6) 아크램프

■ 1808년 데비(H. Davy)에 의해 아크등(Arc lamp)이 발명되었는데, 아크등은 두 개의 탄소전극 사이에 전압을 발생시키면 굉장히 밝은 아크가 발생하는 것을 이용한 등이다. 아크등에는 전극의 재료에 따라 탄소아크등, 텅스텐아크등 등이 있으며 수은아크등은 수은증기 속에 아크를 만들어 아크 그 자체의 발광을 이용한다. 수은증기 대신에 나트륨 증기를 이용한 것이 나트륨아크등이다. 1845년 프랑스는 콩코드 광장과 파리의 오페라 극장에 아크등을 점등하였다. 그러나 아크램프는 점등된 시간 동안 지속적인 조정을 필요로 하는 번거로움이 있어 널리 사용되지 못하였다.

그림 3-9 아크램프

■ 1876년 러시아의 자블로츠스키(P.N. Tablochkoff)가 전기아크등을 발명하였다. 이 아크램프는 나란히 높여진 두 개의 탄소 전극을 플라스틱 원통에 넣고 위에서 아래로 연소되어 가도록 한 조명기구였다. 그러나 전원 하나에 한 개의 아크램프 밖에 운용할 수 없고 각각의 램프에 개별적인 전원을 연결하여야 하는 어려움이 있었다.

보다 효율적인 해결안으로 제시된 것이 지멘스사(Siemens)의 아크램프이다. 하나의 전원으로 여러 개의 램프를 켤 수 있도록 고안된 차동램프의 개발로 단독 또는 넓은 공간에 여러 개의 램프가 연속적으로 사용될 수 있었다.

(7) 백열전구

■ 백열전구는 탄소아크램프와 거의 비슷한 시기에 발명되었다. 금속으로 만들어진 철사의 양 끝에 전류를 통하게 하여 빛을 얻을 수 있다는 것을 맨 처음 발견한 사람은 세나르(Louis Jacques de Thenard)이며, 이 사실은 1802년과 1808년 사이에 험프리 데이비(Humphry Davy) 경에 의해 발표되었다. 그는 백금이 장시간에 걸쳐 빛을 발산한다는 것을 발견하였다. 1820년 스위스의 리브(Augusts Arthur de la Rive)는 부분적으로 진공처리된 유리 튜브 안에 코일식으로 감은 백금 필라멘트를 집어넣어 사용하는 방법을 개발하였다. 그 후 1841년 멀레인(Frederic de Moleyn)은 백열 빛을 내는 2개의 백금 코일 사이에 탄소가루를 분산시킨 램프로 특허를 얻었다.

■ 진정한 의미의 백열전구의 개발은 미국의 토마스 에디슨(Thomas A. Edison)에 의해 이루어졌다. 1879년에 에디슨은 무명실을 탄화하여 진공탄소전구를 만들어 특허를 얻고 백열전구를 발명하였으며, 에디슨과 영국의 스완(Joseph Swan)에 의해 실용화되었다. 이때의 전구는 수명이 40시간, 효율이 1.7lm/W이었으며 위생적이고 밝은 인공광원의 기초가 구축되었다.

그림 3-10 에디슨의 탄소 필라멘트 백열등과 최초로 대량 생산한 에디슨 전구

그림 3-11 스완의 백열전구

(8) 방전램프

■ 아크램프와 백열전구의 뒤를 이은 세 번째 전기조명 램프로 방전램프가 등장하였다. 1901년 독일의 쿠퍼 휴이트(Peter Cooter Hewitt)가 수은을 전극으로 한 수은증기 램프를 만들었으나 그다지 밝지 않았다. 1931년에 네덜란드의 필립스(Philips), 미국의 G.E사(General Electric Company), 웨스팅하우스(Westinghouse) 등의 회사들은 수은 대신에 나트륨금속과 네온 및 아르곤가스

를 봉입한 저압나트륨램프를 만들었고, 그 효율은 무려 175lm/W나 되어 램프 중 최고의 효율이다.

■ 고압방전램프는 고압가스 또는 증기의 방전에 의한 발광을 이용한 방전램프이다. 고압수은램프, 나트륨등, 메탈할라이드램프 등이 여기에 해당한다.

■ 고압수은램프는 1821년 영국의 험프리 데이비(Humphry Davy)가 수은과 금속 사이에 방전에서 수은증기의 반전 발광을 발견하면서 1930년 방전등으로 실용화되었다. 그 후 1931년에 오스람(OSRAM)에서 유리관의 수은증기압을 높여 고압수은램프를 만들어 획기적인 효율 50~60lm/W를 얻을 수 있었다.

■ 1961년 G.E.사의 슈미트(K. Shmidt)가 나트륨증기가 들어 있는 발광관을 고온, 고압으로 한 고압나트륨 램프를 만들었다. 나트륨등은 유리관 속에 나트륨 증기 외 미량의 네온가스, 아르곤가스 등을 봉입한 아크 방전 등으로 기동시간이 필요하며 연색성이 나쁘다. 안정기와 부속장치가 필요하며 연기 및 안개에 대한 투과력이 강하므로 도로조명이나 터널조명 등에 이용된다.

■ 1961년 미국 G.E.사의 레일링(Gilbert H. Reiling)은 고압수은등의 발광관 내에 수은 이외에 옥화물금속을 봉입함으로써 연색성이 높아지고 효율도 80lm/W정도로 향상된다는 것을 발견하고 메탈할라이드 램프를 만들게 되었다. 메탈할라이드 램프는 수은증기와 나트륨, 토륨, 인듐가스 등을 봉입한 방전등으로 발광부가 적은 석영의 유리관에서 백색광을 발산한다. 광범위한 조명에 적합하며 연색성이 좋다.

■ 초기의 방전램프인 수은램프는 조도가 너무 낮아 기능적 조명으로 사용할 수 없었다. 반면에 고압수은램프나 저압나트륨램프는 효율성이 백열램프보다 비교적 높았으나, 낮은 연색성으로 단순한 조명 목적으로 밖에 사용할 수 없었다.

이러한 문제점을 해결하기 위해 발광물질을 첨가하여 수은 증기 방전과정에서 발생하지 않는 스펙트럼을 보충한 형광램프가 등장하였다.

(9) 형광램프

■ 1938년 미국 G.E.사의 인맨(Geoge E. Inman)이 유리관 내에 수은과 아르

곤 가스를 봉입하여 안쪽 유리벽에 형광물질을 도포한 형광램프를 만들었다. 형광램프는 발광을 저압 수은증기 중 방전에서 생기는 자외선(253.7nm)으로 필라멘트에 전류가 흐르면 열이 발생되고, 음극 물질의 열전자가 방출된다. 이 전자가 양극으로 이동하면서 운동에너지를 얻어 관 내의 수은이나 아르곤 기체에 충돌하고 방전에 의해 포화증기가 된 수은증기에 작용하여 자외선을 발생한다. 자외선은 관 벽의 형광물질에 의해 가시광선이 된다.

■ 1944년 슬림라인형 형광램프, 서크라인형 램프, 크세논램프를 제조하였으며, 1949년에는 40W(4500K) 백색 형광램프를 생산하였다.

(10) 기타

이외에 네온, 최근에 발명된 LED 등의 인공광원이 있다.

■ 네온은 1898년 W.램지(William Ramsay)와 M.W.트래버스가 액체공기의 분류에서 발견하였다. 무색, 무취의 비활성기체로, 다른 원소와 전혀 반응하지 않는다. 저압방전으로 적색부에 강한 오렌지색의 휘선 스펙트럼이 나타난다. 방전관, 네온사인, 고압지시등에 이용한다.

■ LED(Light emitting diode)는 p-n접합된 화합물 반도체에 일정방향의 전류를 통하면 빛을 내는 다이오드이다. 1968년에 세계 최초로 G.E(General electric)사에서 미국의 군용표시에 사용된 후에 필라멘트를 사용하는 전구의 결점을 보완한 발광전자 부품으로 적색 LED를 개발하였다. 1973년에는 황녹색 LED, 1975년 황색 LED, 1978년 고휘도 적색 LED를 개발하였으며, 일본 니치아 케미컬(Nichia chemical)에서 1993년 청색 LED, 1997년 백색 LED를 개발하였다.

그림 3-12 여러 색광의 LED

## 3-1-2 광원의 원리

### 1) 열방사(thermal radiation)

■ 모든 물체는 열을 가해서 온도가 올라가면 빛이 난다. 즉 물질을 구성하는 입자(원자, 복사, 이온 등)의 열적 요란(격자진동, 회전운동 등)을 개입시켜 열에너지를 빛에너지로 변환해 방사하는 것을 열방사라고 한다. 이런 현상을 이용한 것이 등잔, 촛불, 모닥불, 백열전구, 할로겐전구 등이 있다.

■ 열방사는 물체를 가열할 때 생기는 연속 스펙트럼 복사를 말한다. 흑체(black body) 또는 완전복사체라고 하는 가상적인 물체에 대해 빛의 파장에 따른 복사 에너지의 변화를 플랑크의 복사법칙으로 나타낸다. 일반적으로 온도를 높이면 400~500℃에서 검은 적색으로 되고, 더욱 가열하면 적색, 등색, 황색을 거쳐 백색으로 된다. 이때의 상태는 온도 2,000~3,000℃의 백열 상태이며, 백열전구는 이 열방사를 이용한 대표적인 광원이다.

**표 3-1 광원의 발광원리에 따른 분류**

| 발광원리 | | 광원 |
|---|---|---|
| 열방사 | | 양초, 등잔, 모닥불<br>백열전구, 할로겐전구 |
| 방전발광 | 초고압 방전램프 | 초고압 수은램프 |
| | HID 램프 | 고압수은램프, 메탈할라이드 램프<br>고압나트륨램프, 크세논램프 |
| | 저압방전램프 | 형광램프, 저압나트륨램프<br>네온램프 |
| 전계발광 | | 일렉트로 루미네센스(EL)<br>발광다이오드(LED) |
| 레이저발광 | | 레이저 |

### 2) 루미네센스(luminescence)

■ 열방사 외의 발광, 즉 열을 수반하지 않는 발광현상을 루미네센스라고 한다. 루미네센스는 기체방전을 일으키거나 반도체에서의 현상을 이용하면 열을 수반하지 않고 빛을 얻을 수 있다. 이 중 기체방전에 의한 것을 방전발광이라 하고, 이 현상을 이용한 광원이 방전램프(gas discharge lamp)이며, 기체 또는 금속증기가 봉입되어 있는 투명한 유리관 양단에 전극이 붙어 있는 구조로 되어 있다.

■ 이와 같은 유리관 전극 사이에 적당한 전압을 가하면 기체방전이 일어나 전류가 흐르기 시작하고, 이때의 에너지에 의해 유리관 속의 가스가 들뜬 상태

로 되었다가 제자리로 복귀하는 과정을 반복하면서 가스 특유의 선스펙트럼 발광을 일으킨다. 방전의 형식은 일반적으로 방전전류가 작은 글로방전(glow discharge)과 방전전류가 큰 아크방전(arc discharge)으로 구분된다.

### 3-1-3 광원의 종류

■ 광원은 크게 자연광원과 인공광원으로 나눌 수 있는데, 자연광원에는 오직 태양광 밖에 없으나, 인공광원은 백열등, 할로겐램프, 형광등, 수은 램프, 나트륨램프, 메탈헬라이드램프, 크립톤 램프, 삼파장 형광램프 등 여러 종류가 있으며, 앞으로 새로운 인공광원이 개발될 수도 있다.

■ 이런 인공광원들은 각기 다른 색깔의 빛을 낸다. 이처럼 광원이 발산하는 고유한 색채의 빛을 광원의 광색이라고 한다. 광색이 서로 다른 것은 광원이 발산하는 빛의 파장이 서로 다르기 때문이다. 또한 날씨의 변화에 따라서 같은 색도 서로 다르게 보인다. 따라서 광원이 변하면 눈에 보이는 물체의 색도 변한다는 것을 이해하는 것은 조명을 이용하는 공간 디자이너에게는 매우 중요하다.

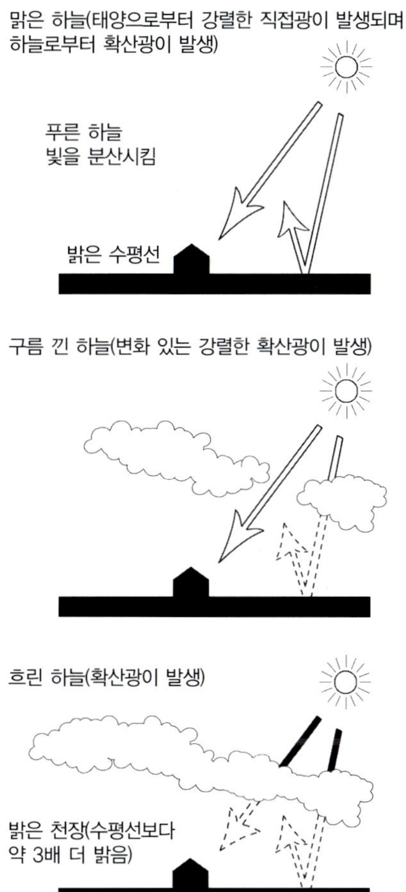


그림 3-13　주광, 천공광, 담천광

#### 1) 일광

■ 최근에는 일광이 중요한 광원이라는 사실을 간과하는 경향이 있지만, 사람의 눈은 일광에 맞추어 발전되어 왔기 때문에 일광은 여전히 가장 매력적인 광원이다. 일광은 비용이 들지 않는다는 장점이 있지만 계절, 날씨, 시간에 따라 변하며, 필요한 곳에 빛이 들어오도록 창문을 설치해야 한다.

■ 일광 조절을 위한 일반적인 방법으로 복층 유리를 사용하거나 개구부의 적절한 방위 설정, 그리고 적절한 창문 처리

방법 등이 있다. 한편, 일광은 모두 같은 특성을 가지고 있다고 생각하기 쉽지만, 빛이 들어오는 각도나 양에 따라 상당히 다른 특징을 가진다.

(1) 주광

주광(晝光)은 태양에 의해 발산하는 빛을 의미한다. 태양에서 나오는 직사광선, 맑은 하늘이나 구름에서 나오는 천공광(天空光) 뿐만 아니라 사물에 비추어 반사하는 빛이 실내에 입사(入射)되어 반사하는 빛을 포함한다.

(2) 천공광

천공광(天空光)은 맑은 하늘에서 나오는 빛과 구름에서 나오는 빛을 의미한다. 주광(晝光)을 이용하는 조명을 의미한다.

(3) 담천광

담천광(曇天光)은 흐린 날의 빛으로 태양에서 나오는 빛이 구름에서 확산되어 투과된 빛, 구름의 표면에서 반사된 빛으로 이루어진다. 일반적으로 하늘 전체에 구름이 낀 날의 밝기를 말한다.

**2) 인공광원**

(1) 백열등

■ 백열등은 필라멘트에 전류를 흘려서 온도방사에 의해 빛을 방사시키는 광원이다. 백열전구의 효율 및 수명은 필라멘트 등의 설계에 따라 결정되는데, 필라멘트의 온도가 높아질수록 효율은 높아지나 수명은 짧아진다. 일반 조명용 전구의 효율은 100W 전구의 경우 15.2lm/W, 정격수명 1,000시간이다. 볼 전구의 경우에는 효율을 약간 낮추되 정격수명을 2,000시간으로 하고 있다.

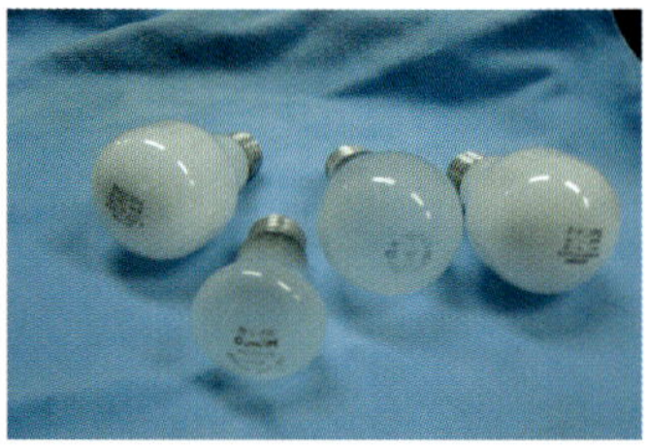

그림 3-14 백열전구

■ 백열램프는 아주 다양한 형상과 크기가 있지만, 500W 이상의 고출력의 경우에는 일반 백열전구에 적합한 조명기구가 많지 않으므로 방전램프를 사용하는 것이 실용적이다. 또한 백열전구는 처리시 문제가 되지 않는 무난한 재료가 주로 사용된다. 비교적 좁은 장소의 전반조명, 악센트 조명, 비상 조명 등으로

조명디자인

사용되며, 황색등, 적색등은 보는 이로 하여금 편안하고 아름답게 하므로 휴식 공간이나 산책로에 적당하다.

■ 백열등의 주요 특징

① 연색성이 좋고 따뜻한 광색이다.
② 점광원에 가깝고 빛의 집광이 용이하다.
③ 조광을 연속적으로 할 수 있다.
④ 점등이 간단하고 즉시 점등된다.
⑤ 자유로운 기구 디자인이 가능하다.
⑥ 광속 저하가 적다.
⑦ 방사열이 많아 이용에 불편이 따른다.

(2) 할로겐램프

■ 할로겐램프는 미량의 할로겐 물질을 포함한 불활성 가스를 봉입하여 할로겐 물질의 화학반응을 응용한 텅스텐 전구로서 1959년 미국에서 개발되었다. 할로겐은 낮은 온도에서 텅스텐과 결합하고 높은 온도에서 분해하는 성질이 있다. 따라서 할로겐램프는 유리구의 흑화현상을 방지하며, 필라멘트가 가늘어지는 것을 방지하여 광속이나 색온도, 수명의 저하를 늦출 수 있다. 흑화의 발생이 작아 유리구의 크기가 일반 텅스텐 전구의 1/10 정도로 작아 콤팩트 사이즈이다.

■ 할로겐램프의 용도는 옥내와 옥외로 구분하여 사용된다. 옥내조명용으로는 백화점, 매장, 쇼케이스, 주택, 호텔, 레스토랑, 극장, 박물관, 수중조명 및 전시관 등의 조명에 쓰인다. 또한 옥외조명을 위해 광고판, 건물외등, 야외전시장, 외곽조명, 운동장, 공원, 정원, 분수, 야외공연장 등의 조명에 사용된다.

:: 할로겐램프의 특징 : 소형경량, 샤프한 집광성, 광색과 연색성이 좋다. 사용 중 밝기의 저하가 없다.

그림 3-15 다이크로익 반사판을 쓴 일반할로겐

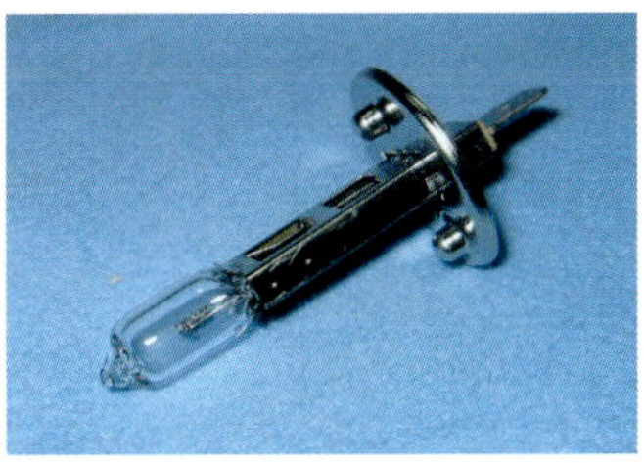

그림 3-16 자동차용 할로겐램프

조명디자인

(3) 형광램프

■ 형광램프는 기체 방전등의 일종으로, 저압기체방전을 이용하여 수은원자에 고유한 자외선을 발생시키고 이를 유리관 내에 도포되어 있는 형광체에 조사하여 형광체를 야기시키게 되며 이로 인해 가시광의 발광을 일으키도록 한 것이다.

■ 형광램프는 백열전구와는 달리 점등장치를 필요로 하지만 빛의 질이 높고, 고효율로 경제성도 좋으며 취급도 쉬워 현재 광원의 주류를 이루고 있다. 최근에는 종래의 직관이나 서크라인 등에 한하지 않고 U형, 콤팩트형, 전구형 등 여러 가지 형태가 용도에 따라 다양하게 실용화되고 있다.

■ 삼파장 램프는 튜브형 단파장보다 색온도가 높으며, 파장폭이 좁은 청색, 녹색, 적색의 빛을 조합하여 효율 좋은 백색의 빛을 얻는 램프이다. 기존의 형광체인 할로린산칼슘(백색계통) 형광체를 희토류 형광체로 교체하여 효율과 연색성을 개선하였다.

:: 형광램프의 특성

고효율, 장수명, 광색의 종류가 많음. 저휘도 확산광(컴팩트 형광등: 휘도가 약간 높음), 연속조광이 가능, 주위온도 영향을 받기 쉬움, 고연색(3파장) 있음

그림 3-17 전구형 형광램프

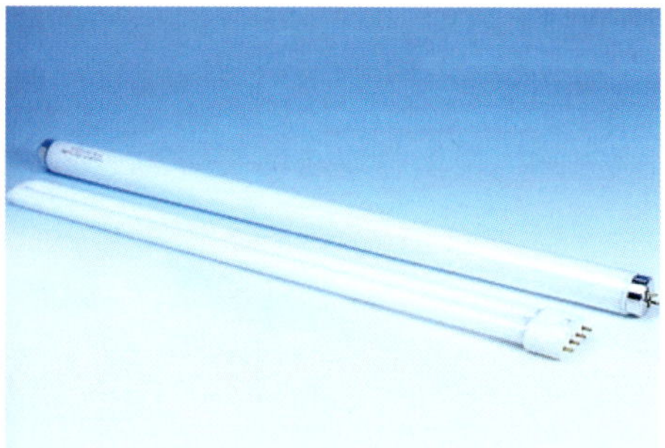

그림 3-18 직관형 형관램프

(4) 고광도 방전등(HID)

고광도 방전등(High Intensity Discharge)에는 나트륨이나 수은을 사용하는 일련의 고압 방전광원이 포함된다. 나트륨램프는 가장 효율적(일반적으로 와트당 6~12lm을 발한다)이고, 오렌지 빛이 도는 흰 빛을 발하는 경향이 있다. 수은램프는 나트륨램프보다는 덜 효율적(와트당 8~70lm이다)이지만, 더 푸른색이 도는 빛을 발한다.

이러한 광원은 모두 조절장치가 필요하며, 특수장치를 부착할 경우에는 이들

대부분의 광원은 극단까지 조광할 수 있다. 이들 광원 모양과 와트 수가 다양하다. 일반적으로 와트 수는 35W(메탈할라이드)부터 1,500W까지 나온다.

① 고압 수은램프

■ 고압의 수은증기 속의 아크방전에 의해서 빛을 내는 전등을 수은등(Mercury Lamp)이라고 한다. 텅스텐을 사용하는 전구에 비해 발광효율이 좋다. 일반적으로 수은등이라고 하는 것은 고압수은등을 말한다. 구조는 바깥쪽에 큰 유리관이 있고 그 속에 발광관이 있다. 이 사이에서 아크방전을 일으킨다. 이 관속에는 수은과 아르곤이 봉입되어 있다. 바깥쪽의 관은 안쪽의 관을 보온 보호하는 것으로 질소가스가 봉입된다.

그림 3-19 고압수은등

■ 점등한 처음에는 수은 증기압이 낮지만 몇 분 후에 기압이 올라가 정상적인 빛을 내게 된다. 따라서 한번 소등하면 온도가 내려가 가스의 압력이 내려가기까지 10여 분간은 재점등할 수 없다. 수은등은 100W 이상 1,000W까지 대형의 것이 만들어져 효율은 400W의 것이 1W당 50lm 정도로서, 500W의 텅스텐 전구가 1W당 20lm 정도인데 비해 대단히 좋다. 초고압 수은등은 더 효율이 좋아 1W당 100lm 정도가 된다. 고압수은램프의 빛은 파장이 짧은 쪽에 많으므로 청색을 띠고 있으나, 초고압이 되면 백색에 가까운 빛을 낸다.

:: 수은램프의 활용 : 도로조명이나 높은 천장의 공장 조명, 스포츠 조명, 투광조명 등에 적당. 희토류 형광체의 개발로 광색이 개선된 램프는 대형 점포, 홀, 로비 등 옥외조명에도 사용

② 고압 나트륨램프

■ 590nm(5,900Å) 가까운 빛깔만을 내므로 황색을 띤다. 램프는 외관(外管)과 내관(內管)이 있고 그 사이는 진공으로 되어 있으며, 내관의 내부에는 1쌍의 전극과 미량의 나트륨이 들어 있다. 램프 효율은 백열전구가 1W당 10~16lm인데 비해, 나트륨등은 수십~100lm에 이른다.

그림 3-20 고압나트륨등

■ 나트륨등은 형광등처럼 안정기(ballast stabilizer, 安定器)를 병용할 필요가 있고, 점등 후 20~30분이 경과하지 않으면 충분한 빛을 낼 수 없으며, 또 그 빛이 황색광이기 때문에 일반 조명용으로는 적합하지 않다.

:: 나트륨등은 안개 속에서도 빛을 잘 투과하여 장애물 발견에 유효하다는 점에서 교량, 고속도로, 일반도로, 터널 내의 조명 등에 사용된다.

③ 메탈할라이드

■ 메탈할라이드 램프는 수은램프의 효율 및 연색성 개선을 목적으로 개발된 고압방전램프이다. 일반 수은램프가 발광관 내에 수은과 아르곤 가스를 봉입한 수은증기의 방사 발광에 의한 것에 비해, 메탈할라이드 램프는 발광관 내에 수은과 아르곤가스 외에 스칸듐, 토륨, 나트륨 등의 금속 원소를 할로겐 원소의 일종인 요소와 화합시킨 금속 할로겐 화합물로 봉입되어 있다. 여기에 전류를 흘리면 봉입된 할로겐 화합물은 증발하여 아크방전의 고온 중에서 금속원자와 할로겐(요소)원자로 해리되고, 금속원자는 그 원소 특유의 스펙트럼을 강력하게 발광한다. 이로 인해 연색성이 뛰어난 백색을 얻음과 동시에 종래의 수은 램프보다 고효율을 발휘하게 된다. 이러한 장점으로 종래의 수은램프 조명분야는 물론 색채를 중요시하는 곳에 이용되고 있다.

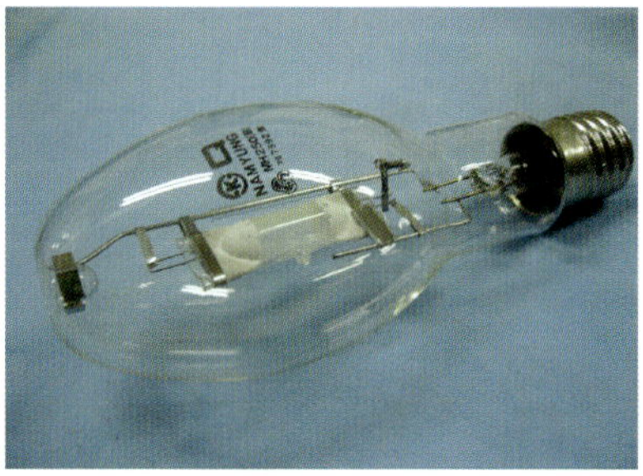

그림 3-21 메탈할라이드

■ 메탈할라이드 램프의 분광에너지 분포는 선스펙트럼이지만 가시역 전반에 걸쳐서 연속 스펙트럼이 나오므로 우수한 연색성을 나타낸다. 이 램프는 비교적 비시감도가 높은 영역에서 발광하는 나트륨 선스펙트럼(589nm)과 가시광 전역에 걸쳐 강하게 발광하는 스칸듐, 토륨 등을 조합함으로써 고효율과 고연색성을 나타낸다. 즉 나트륨은 효율을 높이고 스칸듐, 토륨의 금속증기 발광은 가시역 전반에 걸쳐서 연속 스펙트럼을 발생시키므로 고연색성의 산뜻한 백색광을 얻을 수 있다.

:: 일반 메탈할라이드는 250W 이상이며 사이즈도 크지만 콤팩트형은 150W급으로 만들었으며 크기도 아주 작게 나온다. 실내뿐만 아니라 야외에서도 유용하게 사용되며 차세대 LED와 더불어 유용하게 사용될 전망이다. 이외에 20W, 70W까지 나와 있어 다양하게 사용된다.

(5) 기타 조명광원

① 저압 나트륨램프

■ 1932년 네덜란드의 홀스트(Holst)에 의해 개발된 저압 나트륨램프는 저압의 나트륨 증기의 방전에 의한 발광을 이용한 것이다. 램프의 구조는 투광성 알루미나로 이루어진 발광관을 적외선 반사막(산화 이리듐)이 안쪽에 칠해진 투명 외관이 둘러싼 구조로 발광관과 외관 사이는 고진공 상태로 유지된다. 점등 중의 내관 속 나트륨 증기압이 0.004mmHg 정도의 것을 저압 나트륨램프라고 한다.

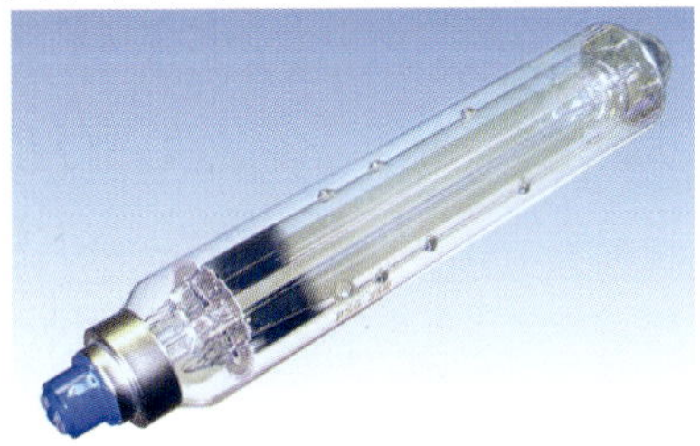

그림 3-22 저압 나트륨램프

■ 저압 나트륨램프는 점등 후 약 20분(발광관의 관벽 온도 260℃)에서 발광효율이 최대가 되며 기존의 광원 중에서 램프효율(190lm/W)이 가장 높다. 램프의 평균 수명은 9,000시간이고 광속유지율은 80~85%로 좋다.

:: 저압 나트륨램프는 광색이 황등색의 단색광이므로, 연색성이 좋지 못해 물체색의 식별이 어려운 단점이 있다. 주로 연색성이 문제되지 않고 장기간 점등하는 도로나 터널, 다리, 경계장소 등의 옥외조명에 한정되어 사용되며, 옥내조명용으로는 적합하지 못하다.

② 크세논램프

■ 크세논램프는 제논가스 중의 방전을 이용한 것으로, 1944년 독일의 슐츠(shulz)에 의해 개발된 이후 탐조등으로 사용되어 왔다. 램프의 분광분포는 자외선 영역으로부터 가시광선 영역에 걸쳐서 폭넓고 균등한 연속 스펙트럼을 가져 자연광과 비슷하고, 색온도(약 6,000°K)가 거의 일정하며 휘도가 높은 특징이 있다. 또한 점등과 동시에 안정된 출력을 보이며, 소등 후 즉시 재점등이 가능한 특징을 가지고 있다.

■ 크세논램프의 종류는 고압의 숏 아크램프(short arc)와 저압의 롱 아크램프(long arc) 및 펄스방전에 의한 섬광램프(사진촬영용)로 분류된다. 최근에는 고급 승용차의 전조등 및 광섬유 조명용으로 사용되고 있다. 크세논램프의 성능은 안정기 없이도 점등을 할 수 있는 롱 아크램프는 램프 출력이 10kw인 경우에 램프의 전광속이 250,000lm이고 램프효율은 25lm/W이다.

:: 크세논램프의 활용 : 주로 광장조명등에 사용되고 있지만, 그 외에 영사용 및 광학기기용 광원, Strobo용, Solar Simulator용, 인쇄용 등으로 사용된다.

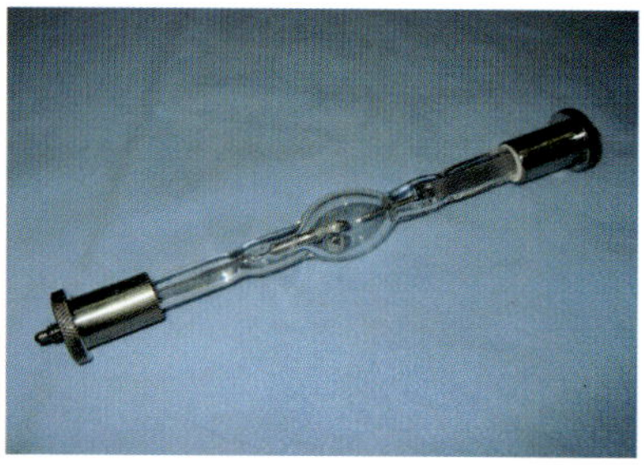

그림 3-23 크세논

③ LED 및 EL 램프

■ 반도체에 전압을 가할 때 발생하는 발광현상을 일렉트로 루미네센스라 하며, 이를 활용한 조명기구로 발광다이오드(LED) 및 EL램프가 있다. 이들 램프는 고체 발광소자로서 저출력, 저휘도 등의 특징을 지니며 과거에는 표시소자 등에 이용이 국한되었으나, 최근 성능개량에 힘입어 다양한 조명원으로 활용되고 있다.

■ 특히 LED는 긴 수명 및 낮은 소비전력, 그리고 높은 신뢰도 등 많은 장점을 지니고 있어 주로 신호용 표지판 및 컬러 스캐너, LCD라이트 등에서부터 옥외의 교통신호등, 항공유도등 및 대형 전광판에 이르기까지 다양한 용도로 활용되고 있다. 또한 모든 광색의 발광이 가능하여 최근 다양한 옥외 조명용으로 그 용도가 확장되고 있다.

그림 3-24 LED 리디어 플렉스 모듈

:: LED 램프의 특징

(1) 무수은으로 환경친화적이다.

(2) 무게가 정량이다.

(3) 전력절감이 탁월하여 에너지 절감 효과가 있다.

(4) 수명이 길다.

(5) RGB 색상제어가 용이하다.

조명디자인

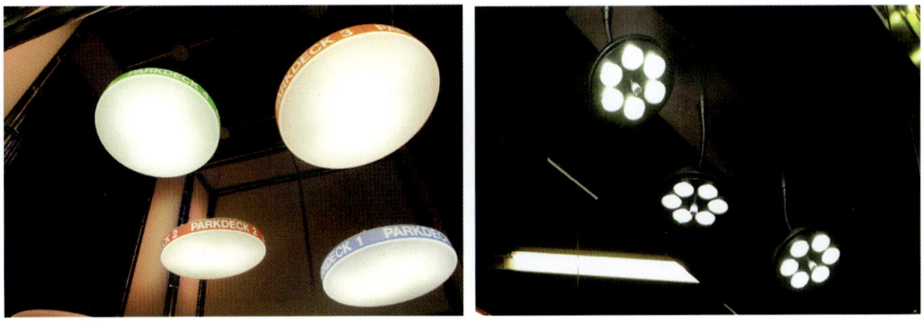


그림 3-25 LED를 이용한 조명기구

**표 3-2 주요광원의 특징**

| 구 분 | 백열등 | 할로겐 | 형광등 | 고압수은등 | 고압Na등 | MHL(메탈 할라이드) |
|---|---|---|---|---|---|---|
| 발광원리 | 필라멘트적열 방사 | 필라멘트적 열방사 | 수은증기에 의한 형광체발광 | 수은발광 | Na발광 | 할로겐 화합물 발광 |
| 봉입물질 | Ar, Ne | Ar, 할로겐원소 | Ar, 수은 | Ar, 수은 | Ar, Na, 수은 | Ar, 수은, 할로겐 화합물 |
| 크기[W] | 10~150 | 20~500 | 4~220 | 40~20,000 | 25~940 | 70~1,000 |
| 광속[lm] | 705~840 | 900~1,600 | 760~6,400 | 14,000~ 22,000 | 23,000~ 51,000 | 19,000~ 40,000 |
| 정격전력[W] | 57~60 | 50~100 | 17~65 | 400~500 | 360~400 | 400 |
| 효율[lm/W] | 12.4~14.2 | 16~18.8 | 45~91.8 | 28~52 | 58~142 | 41~95 |
| 수명[Hr] | 1,000~ 2,000 | 1,500~ 2,000 | 6,000~ 12,000 | 9,000~ 12,000 | 9,000~ 12,000 | 6,000~9,000 |
| 색온도[K] | 2,850 | 3,000~ 3,050 | 2,800~ 5,000 | 4,100~ 58,000 | 2,100~ 25,000 | 4,000~6,000 |
| 연색지수 | 100 | 100 | 60~99 | 23~57 | 28~85 | 65~92 |
| 시동성 | 순간 | 3초 이하 | 3초 이하 | 6분 이하 | 3~7분 | 3~7분 |
| 특징 | 순시점등<br>연색성 좋음<br>싸다 | 고출력<br>소형경량<br>샤프한 집광성 | 고효율<br>장수명<br>연색성종류 풍부 | 장수명<br>고품질<br>비교적 싸다 | 고효율,<br>고출력,<br>장수명<br>점광원으로 잔상발생있어눈부심이 심함<br>농작물 과 성장이 높음(야간에 소등필요) | 고효율<br>고출력,<br>종류 다양<br>점광원으로 잔상발생있어 눈부심이 심함 |
| 주된 용도 | 주택, 점포 | 점포, 스튜디오 | 주택, 점포 가로, 터널 | 공원, 광장 정원 | 도로, 가로 공장 | 옥내조명(고천장), 점포입구 |

조명디자인

# 3-2 조명기구

## 3-2-1 조명방식

조명방식은 조명 대상, 장소에 대한 설치광원, 조명기구 설치, 조명기구 배광, 조명기구배치와 건축화조명으로 구분하여 설계한다. 설치 광원에 따른 것은 백열등, 형광등, HID 등 조명방식으로 설계한다.

### 1) 기구의 배광에 의한 분류

배광이란 조명기구에서 발생되는 빛이 어느 방향으로 어느 정도로 비추어지는가를 말하는 것으로, 각 방향으로 나가는 광도를 도표로 나타낸 것을 배광곡선이라고 한다.

배광의 분류에 대해 여러 가지 방법이 있지만 국제 분류방식은 조명기구에서 나오는 빛을 조명기구 위쪽에서 나오는 상향 광속과 아래쪽에서 나오는 하향 광속에 따라 분류한다.

(1) 직접조명

빛의 90~100%가 아래로 향하고, 0~10%가 위로 향하여 투사되는 방식이다. 작업면을 비추는 빛의 대부분이 광원으로부터 직접 투사되므로 효율이 높고, 같은 조도의 경우는 비용이 싸게 된다. 천장이나 벽으로부터의 반사 영향이 적으므로 설계가 간단하다. 눈부심이 있고, 밝음의 차이와 그림자가 생기지만, 진한 그림자로 인해 물체의 입체적 형체의 식별에는 편리하다.

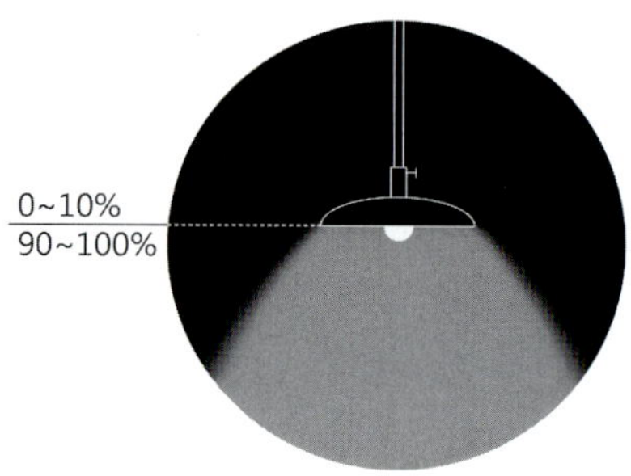

그림 3-26 직접조명

(2) 반직접조명

빛이 60~90%가 아래로 향하여 비추고, 나머지 0~40%의 빛이 위로 향하여 투사되는 방식이다. 빛이 실내 전체로 확산되기 때문에 마감재의 반사율에 의한



조명디자인

밝기의 정도가 크게 영향을 받으므로 마감재의 색채, 질감 등을 고려하여 조화 있는 공간 연출이 되도록 계획한다.

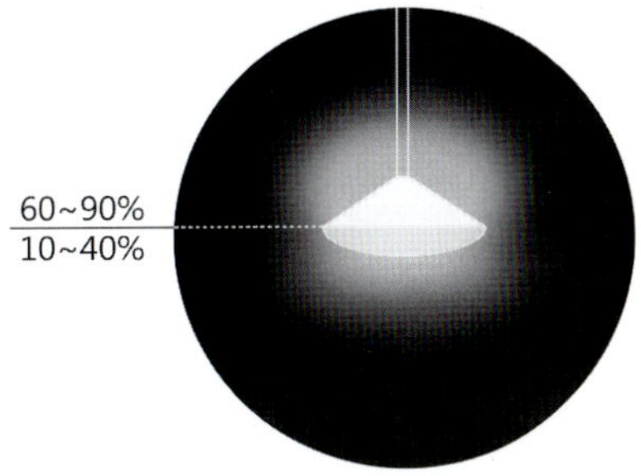

그림 3-27 반직접조명

### (3) 간접조명

빛의 90~100%가 위로 향하고 0~10%가 아래로 향하여 일차적으로 천장면이나 상부 벽면에 비추어 그 반사광으로 필요한 밝기를 구하는 방식이다. 천장 전반이 광원으로 되어 있으므로 눈부심이 없고, 밝음의 차이와 그림자가 없는 균등한 조도를 얻을 수 있다. 빛이 물체에 가려져도 심한 그림자가 생기지 않으므로 물체가 평면적으로 보인다. 단점으로는 효율이 나쁘고 천장색에 따라 조명 빛깔이 변하며, 설비비가 많이 들고 보수가 쉽지 않은 점 등이 있다.

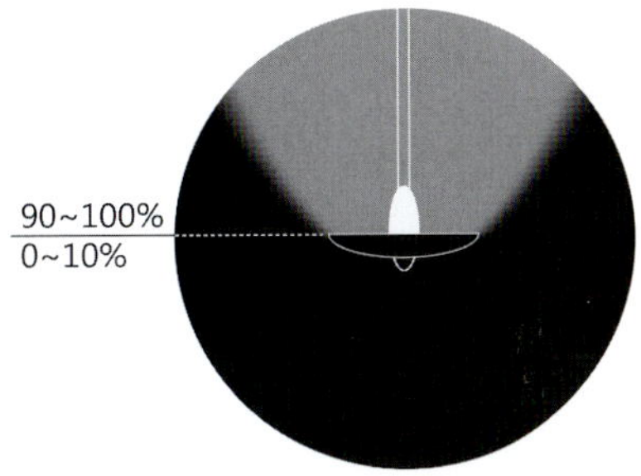

그림 3-28 간접조명

### (4) 반간접조명

빛의 60~90%가 위로 향하고, 나머지 10~40%가 아래로 향하여 투사되는 가장 효과적인 조명방식이다. 적은 양의 빛은 조명의 형태를 강조해 준다. 천장이 지나치게 밝아지는 것을 피하기 위해 조명기구를 천장으로부터 450mm 정도 떨어뜨려 매달면 효과적이다.

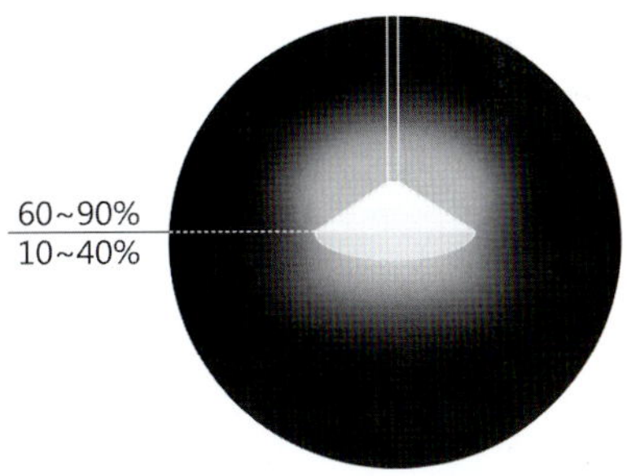

그림 3-29 반간접조명

### (5) 확산조명

직접조명과 간접조명을 병용한 것으로 위아래로 향하는 빛의 양이 40~60%로 균등하게 확산 배분되는

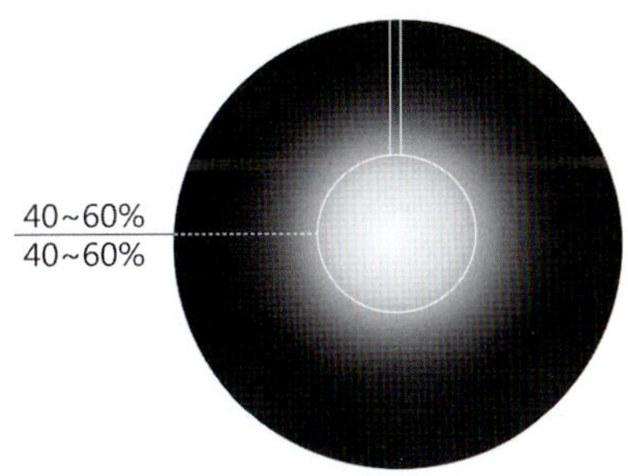

그림 3-30 확산조명

조명방식이다. 모든 방향으로 똑같이 빛이 분산되며, 충분한 수의 조명과 올바른 조명의 배열로 실내의 조명강도가 일정하게 유지되나 공간의 분위기상 특별한 강조점들이 부족하다.

### 2) 조도분포에 의한 분류

(1) 전반조명

실내 전체를 일정하게 조명하는 대표적인 조명방식이다. 이것은 계획과 설치가 용이하고, 책상의 배치나 작업 대상물이 바뀌어도 대응이 용이한 방식이므로 이를 고려한다.

이는 밝기가 균일하므로 편안하고 온화한 분위기 연출되고 그림자가 적어 학교, 공장, 사무실 등의 전체 조명에 주로 사용된다.

그림 3-31 전반조명

(2) 국부조명

■ 실내에서 각 구역별 필요 조도에 따라 부분적 또는 국소적으로 설치하는 것이며, 일반적으로 조명기구를 작업대에 직접 설치하거나 작업부의 천장에 매다는 형태이므로 이를 고려한다.

■ 효과적인 작업조명은 단순히 조도를 높여 주는 것에서 벗어나 직접적인 글레어를 없애 주면서 작업에 방해가 되는 불필요한 그림자를 없애 주어야 한다. 또한 짧은 독서에는 약간 낮은 조도도 무방하나 장시간 독서를 하는 경우나 노인이 독서할 때에는 보통 독서시보다 조도를 두 배 정도 높여 주는 것이 좋다.

**표 3-3 전반조명과 국부조명 특징**

| 전반조명 | 국부조명 |
|---|---|
| 작업의 위치가 변동해도 기구의 배치를 변경시킬 필요가 없다. | 원하는 곳에 원하는 방향으로부터 충분한 조도를 줄 수 있다. |
| 기구나 전등의 종류를 적게 하여 큰 용량의 전등을 사용할 수 있는 편의성이 있다. | 불필요한 곳은 소등해 놓을 수 있다. |
| 그림자가 부드럽다. | |

그림 3-32 국부조명

(3) 혼합조명

넓은 실내공간에서 각 구역별 작업성이나 활동영역을 고려하여 일반적인 장소에는 평균조도로 조명하고, 세밀한 작업을 하는 구역에는 고조도로 조명하는 방식이다. 일반적으로 레스토랑이나 설계실, 정밀 공장 등에 주로 사용된다.

그림 3-33 혼합조명

### 3) 조명의 용도 및 목적에 의한 분류

(1) 작업조명

시작업의 목적을 작업의 용이성에 두는 실리적인 명시조명을 말한다. 일반적으로 기능성이 강한 공간(사무실, 공장, 학교 등)에 주로 사용된다. 예를 들면 독서나 조리, 수예, 봉제, 세면 등의 작업에, 즉 비교적 거리상으로 가까운 기능적 행위를 할 때 이용된다.

시각대상물이 잘 보이고 장시간 세세한 작업을 안전하고 능률적으로 행하기 위한 것이다. 이 조명을 전반조명 속에 설치하면 실내의 분위기를 더 부드럽게 할 수 있다.

그림 3-34 작업조명

(2) 장식조명

실내공간의 분위기 연출을 목적으로 사용되는 분위기조명으로 일반적으로 조명기구 자체가 액세서리로 취급되어 공간에서 하나의 초점이 되고 실내의 성격을 강하게 나타낸다.

펜던트, 샹들리에, 브래킷 등이 대표적이다. 부부 침실, 감각적인 여성 의류 판매장, 레스토랑, 커피숍, 호텔 등에 사용된다.

그림 3-35 장식조명

(3) 악센트 조명

그림 3-36 악센트 조명

다른 어떤 조명 방식보다 장식적인 역할을 하면서 일정한 방향성을 갖는 악센트 조명은 그림이나 조각품 혹은 장식품을 비추는 데 적합한 조명이다. 한 물체를 강조하기 위해서는 주변의 전반 조명보다 3배 정도의 강한 빛을 비추어야 한다. 시선의 분산 방지 및 물체 표면에 빛이 반사되는 것을 피하기 위해 수직면으로부터 30° 정도 기울어지도록 빛을 비추는 방법을 선택한다.

(4) 건축화조명

건축물의 구성 요소인 바닥이나 벽, 천장 등의 일부를 광원화하는 것, 즉 건축물 속에 광원을 삽입, 설치하거나 노출하되 반사용 설치물을 부착하여 광원이 눈에 보이지 않도록 설치하는 붙박이 조명방식을 말한다. 조명기구의 배치방식에 의하면 거의 전반조명방식에 해당되며, 조명기구 독립설치 방식에 비해 글레어의 제어나 빛의 공간배분 및 미관상 뛰어난 조명효과를 낸다.

① 광천장 조명(Luminance Ceiling Lighting)

광천장 조명은 천장의 전체 또는 일부에 조명기구를 설치하고, 그 밑에 확산용 스크린판을 대고 마감하는 가장 일반적인 건축화조명방식이다.

그림 3-37 광천장 조명

그림자 없는 쾌적한 빛을 얻을 수 있으나 단조롭고 정적이고 지루하고 따분한 느낌을 준다. 특히 강당이나 회의실 등에 사용하는 경우 시각을 위로 유도하여 졸음이 오는 경우가 있으므로 주의하여야 한다.

② 루버천장 조명(Louver Lighting)

루버천장 조명은 천장 전면에 루버를 설치하고 그 위에 광원을 배치하는 조명기법이다. 천장의 확산 투과판을 루버로 사용하는 조명방식으로 밝은 조도, 즉 쾌청에 가까운 주광상태를 얻기 위한 사용에 효과적이며, 루버면의 휘도를 일정하도록 하여 얼룩짐이 생기지 않도록 설계한다. 바로 아래서 올려보지 않으면 광원이 보이지 않지만, 광원이 직접 시야에 들어오지 않도록 보호각과 광원에서 루버면까지의 거리를 검토한다. 또한 루버가 더러워지기 쉽고, 보수가 어려운 단점이 있다.

그림 3-38 루버천장

③ 커브조명(Cove Lighting)

■ 커브(cove)는 서양식 아치형 천장부를 말하며, 빛은 벽의 상부와 천장면에 분포된다. 즉 곡면구조의 상부 천장면에 간접적으로 광원을 비추는 방식을 말한

그림 3-39 커브조명

다. 이것을 응용해서 천장부에서 몰딩이나 선반 혹은 수평면이 우묵하게 들어간 곳에 숨겨진 광원으로부터 오는 조명을 커브조명이라 말한다.

■ 천장이 높거나 천장 높이에 변화를 가할 때 천장의 높낮이 차이를 이용하여 설치하는 부드럽고 차분한 간접조명 방식으로, 주변을 강조함으로써 실내에 친밀하고 개인적인 분위기를 조성한다. 밝은 천장면은 실제보다 들어가 보이며, 내실자에게 공간감과 넓은 실내에서의 방향성을 줄 수 있다.

④ 코니스 조명(Cornice Lighting)

■ 코니스(cornice)는 서양식 건축물의 외벽면 상부의 장식적 기능의 돌림띠를 말한다. 마치 실내공간에서 상부에 장식몰딩을 돌리듯이 건축물의 외형을 장식하기 위해 돌리는 몰딩이라 생각하면 된다. 이것이 실내공간에서도 하나의 장식요소로 적용되어 서양식 실내장식에서 많이 사용되어지는 요소이다. 약간 돌출된 코니스의 뒷면이나 윗면에 조명을 감추고 상부로 빛이 나오게 설치하는 조명효과를 주는 방식을 말한다.

■ 실내에 친밀하고 개인적인 분위기를 조성하며, 천장을 띄우는 분위기가 연출되어 천장이 높아 보이는 시각적인 효과도 있다. 창의 상부와 천장과의 사이가 좁아서 밸런스 조명을 위한 공간이 없는 창에도 사용되며, 천장이 낮은 경우에 적합한 조명방식이다.

그림 3-40 코니스조명

조명디자인

⑤ 밸런스 조명(Valance Lighting)

■ 밸런스(valance)의 원래의 뜻은 커튼 상부의 파이프를 가리기 위해 커튼 상부에 달아매는 천을 말한다. 이것을 조명화시켜 천이 아닌 박스나 패널 등으로 제작해 커튼 상부에 달아매고 그 뒷면에서 조명을 설치해서 벽체를 간접으로 비추는 조명방식이 밸런스 조명이다.

■ 불투명판이 부착된 조명기구는 항상 커튼과 함께 사용되며, 선택에 따라 상향으로 비추는 경우 천장에 반사시키므로 간접조명의 효과가 있고, 아래로 비추는 경우 커튼에 강조를 주는 악센트 조명의 효과가 있다. 특히 천장이 낮은 경우 아래로 비추면 시각적 부상 효과를 갖는다. 천장과의 간격이 250mm 이내일 때에는 천장 휘도가 높으므로 상부에 덮개 처리를 한다.

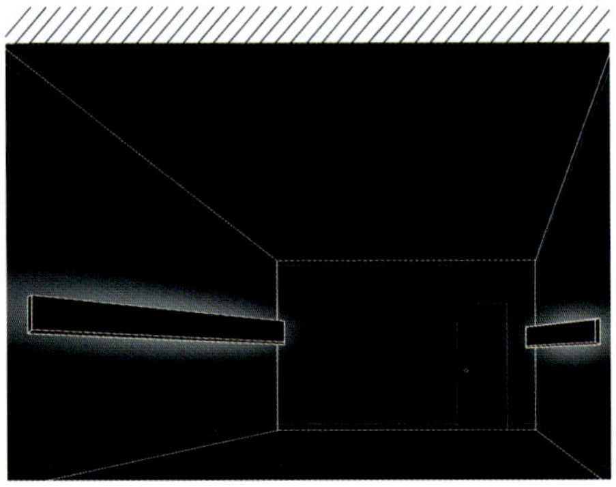

그림 3-41 밸런스 조명

### 4) 조명기법

(1) 하이라이트 기법(ligh Lighting)

이 방식은 어떤 물체의 밝기를 그 배경보다 5배 이상으로 하여 밝기대비를 구성함으로써 시선을 집중시키고 행동을 유도하여 제1초점을 구성하는 방법이다.

(2) 월 워싱 기법(Wall Washing)

이 방식은 수직면을 시각적으로 균일하게 조명하는 방법이다. 이는 공간 내에서 방향성을 유도하며, 벽체에 부착 전시된 여러 가지 개별 대상물 모두에 시선을 집중시킬 수 있다. 그리고 많은 양의 부드러운 반사광이 공간 내부로 투사되어 전반조명을 보충하며, 벽체의 재질감이 편안하게 보이게 한다.

형광램프를 사용하여 월 워싱할 때에는 어두운 줄무늬를 없애기 위해 비임을 80~90mm 정도 겹쳐야 한다.

(3) 광선연출 기법(Beam Play)

이 방식은 광선 그 자체를 이용하여 시각적 형태를 연출하는 것으로 공간에 생동감을 부여한다. 사용되는 조명기구는 빛을 분산시키지 않는 것으로, 가능한 소켓 위치를 조절할 수 있도록 하여 광선의 빔각도와 빛의 형태를 조절할 수 있도록 하는 것이 바람직하다.

(4) 음영연출 기법(Shadow Play)

이 방식은 광선연출 기법의 역개념으로 광선이 배경이 되고 음영의 형태가 시각적 메시지를 전달하는 역할을 하는 것이다. 예를 들면 실내 천장에 식물의 그림자를 투영하여 천장에 드리워지는 음영효과를 연출하는 것이다. 여기에 사용되는 조명기구는 넓고 부드러운 확산광을 투사시키는 것이 정밀하고 선명한 광선보다 효과적이다.

(5) 실루엣 기법(Silhouetting)

이 방식은 거주자와 광원사이에 피조물을 두어 빛이 강한 대비로 물체의 윤곽만을 강조한다. 이 방식의 효과는 시각적으로 눈부심을 없애고 물체의 전면은 디테일이 소멸되는 것이다.

(6) 후광 기법(Back-Lighting)

이 방식은 아크릴 패널, 실크 스크린, 스테인글라스, 대리석 박판이나 그 밖의 투과성 재료를 통하여 빛을 확산 · 투과시키는 방법으로, 피조물의 3차원적 특성을 부드럽게 연출 · 부각시킨다. 때로 빛을 고르게 확산시키기 위해 간접조명기구를 사용하기도 한다.

(7) 구조물 조명 기법(Structural Lighting)

이 방식은 조명기구를 건축 구조물이나 가구 등에 설치하는 것으로 후광조명, 월 워싱, 상향조명 등을 시야로부터 숨겨 조명기구나 광원이 직접 보이는 것을 피하며, 구조적으로 깔끔하고 조각적으로 보이게 한다.

(8) 하향조명 기법(Down Lighting)

이 방식은 빛을 조명기구로부터 직접 하향시켜 작업면 조명 또는 공간 전체의 전반조명으로 이용하는 것이다. 이 때 수직면들은 반사광에 의해 간접조명이 되며 하향되는 직접조명은 수평면을 밝히므로 직접 눈부심을 최소화시켜야 한다. 공간은 차분해 보이나 반면 시각적 흥미가 부족하기 쉽다.

(9) 상향조명 기법(Up Lighting)

이 방식은 간접광을 이용하여 상부를 강조하고 부드러운 반사광으로 전반조명을 부여하는 방법으로 그 다양성은 조명기구의 위치나 기구 디자인에 연관된다.

관리나 보수가 어려운 높은 벽을 조명할 때, 보도나 잔디에 조명기구를 묻어서 수목을 조명할 때, 플로어 스탠드를 사용하여 배경조명으로 이용할 때, 일정한 간격으로 배열된 상향 펜던트를 사용하여 공간 전체를 간접조명할 때 활용하면 좋다.

(10) 그레이징 조명 기법(Grazing Lighting)

이 방식은 수직면의 재질을 강조하기 위하여 빛을 수직으로 쓸어내리는 방법으로 수직면으로부터 150~350mm 거리 이내에 광원을 설치해야 한다. 백열전구를 사용할 때에는 스켈럽(scallop)이 발생되며 장식물 설치가 적절하지 않은 벽면에서 벽면 자체의 재질이 강조되어 마치 조각 패널처럼 보이게 할 수 있다.

(11) 스파클 조명 기법(Spakle)

이는 피사체 대신 광원 그 자체의 반짝임을 어두운 배경에서 이용하는 방법으로 축제의 장식성이나 대화의 분위기에 생동감을 부여할 수 있으나 눈부심을 주어서는 안 된다.

(12) 예술조명 기법(Light as Art)

이 방식은 다양한 광원이나 빛의 형태들을 이용하여 마치 미술작품처럼 연출하는 것으로 실내 전체의 균형을 고려하여 디자이너의 의도적 포인트로 이용할 수 있다.

### 3-2-2 조명기구의 종류

조명기구를 선택할 때는 조명은 먼저 필요한 밝기를 확보할 수 있는지, 손쉽게 구할 수 있고 안전한가, 빛의 이미지는 어떤지 등의 조건을 체크하면서 고르는 것이 포인트이다. 또한 인테리어로서 중요한 요소이므로 사용하고 있을 때는 물론이고 소등시의 느낌도 확인하고, 가구나 방의 분위기를 생각한 뒤 고르는 것이 바람직하다.

### 1) 샹들리에(Chandelier)

■ 샹들리에는 18세기 이전부터 사용하였다. 백열등이 발명되면서 샹들리에의 광원이 기름이나 가스에서 램프로 교체되었으나, 지금도 고적전인 크리스털 샹들리에는 형태의 변화가 거의 없이 고전적인 형태가 많다. 크리스털 유리를 곁들인 화려한 것에서 모던하고 심플한 것까지 디자인의 폭이 넓은 것이 특징이다.

■ 장식적이므로 손님을 대접하는 장소에 가장 적합하며, 전반조명기구로 효과적이고 매다는 형과 천장에 부착하는 형이 있다. 중량에 의한 천장 보강공사가 필요한 경우도 있으므로 주의하여야 한다. 또한 매다는 형의 기구는 체인의 높이 조정이 편리하여야 한다.

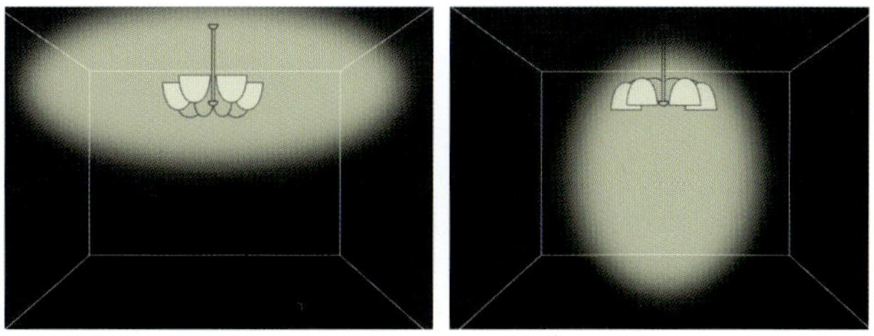

그림 3-42 샹들리에 이미지

그림 3-43 샹들리에

### 2) 펜던트(Pendant)

■ 펜던트는 코드나 체인으로 천장에 매다는 기구로서, 샹들리에와 비슷하지만 샹들리에보다 단순한 셰이드형을 의미한다. 우리나라 주택은 일반적으로 천장이 낮아 펜던트는 주로 식탁용 조명에 이용된다. 식탁에 앉을 때 눈부심이 없고 식탁 전체를

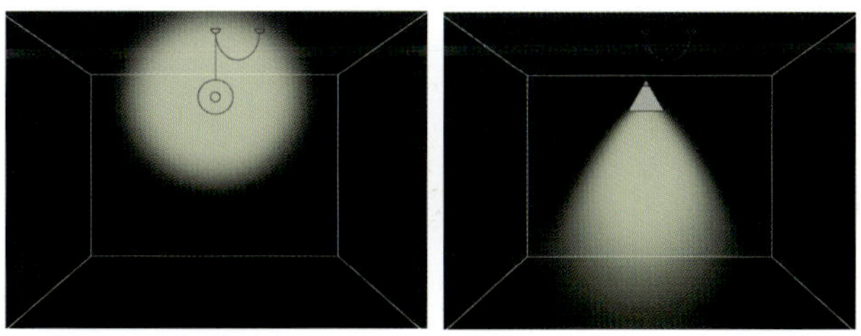

그림 3-44 펜던트이미지

골고루 조사할 수 있는 높이가 적당하다.

■특히 장식적인 의미로 많이 사용하는 기구이므로 너무 길게 늘어뜨리거나 사람의 통행로에 설치하면 안 된다. 천장의 중앙 부분에 매달아서 셰이드가 반투명인 것은 전체조명에, 반대로 셰이드가 빛을 통과시키지 않는 것은 부분조명에 적합하다.

그림 3-45 유리글로브 펜던트

그림 3-46 금속제 셰이드 펜던트

### 3) 실링 라이트(Ceiling Light)

■체인이나 파이프를 쓰지 않고 천장에 부착한 기구로, 높은 위치에서 그림자 없이 전체를 비추는 조명이다. 디자인은 하면에 패널이나 루버가 붙은 것과 개방되어 있는 것과 크기가 여러 종류이므로 용도에 맞추어 선택해야 한다.

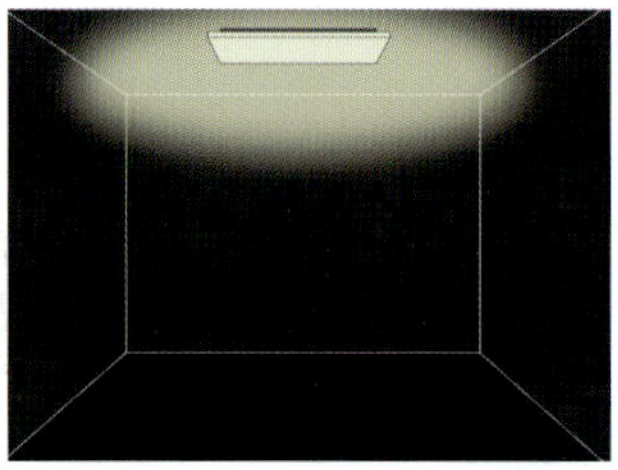
그림 3-47 형광등 · 유백색 커버 이미지

■매입형은 눈에 띄지 않아 천장이 깨끗해 보이며, 건축화조명과 같이 눈에 띄지 않게 완성시킬 수 있는 것이 특징이다. 천장과 일체감을 이루도록 얇게 만든 형태나 콤팩트한 사이즈가 많고 압박감이 적은 것이 특징이며, 거실은 물론이고 현관이나 복도에도 또한 사이즈가 작은 것은 욕실이나 화장실 등에도 사용된다.

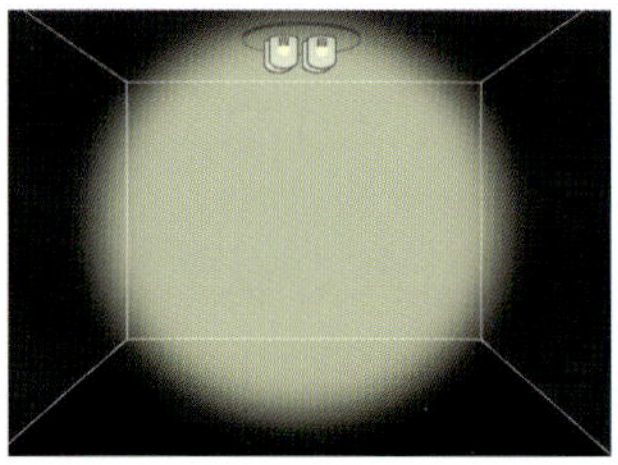
그림 3-48 실링라이트 이미지

그림 3-49 실링라이트

4) 스포트라이트(Spot Light)

■스포트라이트는 조사각이 좁은 방향성의 조명기구를 의미한다. 통상적으로 기구의 독립 개체로 천장에 부착되거나 트랙에 부착해서 사용하는 것을 스포트라이트라고 한다. 스포트라이트는 외형 디자인이 중요한 기구로, 연출하고자 하는 용도에 따라 램프의 광도나 빔각 또는 반사경의 빔각을 고려하여 선택하여야 한다.

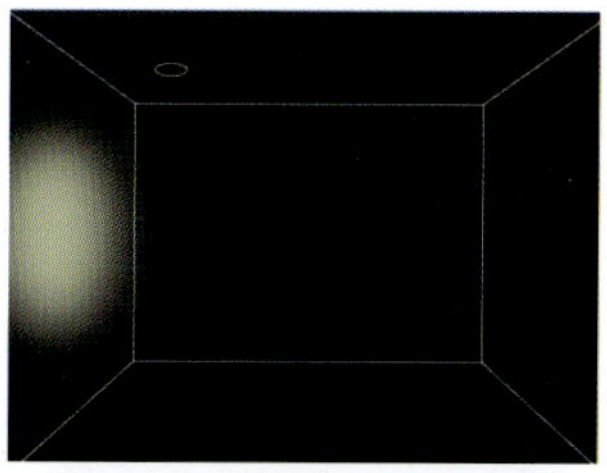

그림 3-50 매입형 스포트라이트 이미지

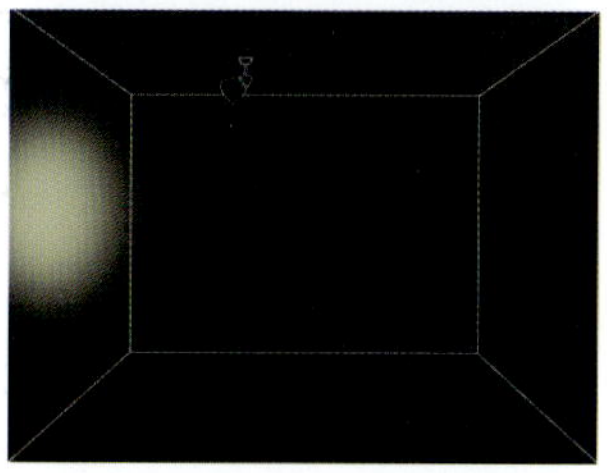

그림 3-51 부착형 · 배선덕트형 스포트라이트 이미지

■다양한 연출이 요구되는 무대조명의 경우는 렌즈에 의한 자유로운 각도의 조절 또는 컬러필터에 의한 문자나 패턴의 컬러변화로 빛의 환상적인 표현을 할 수 있다. 일반적으로 그림이나 꽃 등의 대상물에 직접광을 비춰, 입체적인 인상을 만들며, 천장을 비춰 간접조명으로 사용하거나 관엽식물의 뒤쪽에 놓고 그 실루엣을 벽에 비추게 하는 사용방법도 있다.

그림 3-52 스포트라이트

(1) 트랙 라이트(Track Light)

■트랙 시스템은 어느 한쪽에서 전원이 공급되고 전선의 역할과 조명기구를 부착하는 기능을 갖추고 있는 것으로 볼 수 있다. 기구의 활용에 많은 장점을 가지고 있으나 장식적인 측면이 고려되어야 설치가 가능하며, 트랙 자체의 몸통을 조명기구로 발전시켜 쓰는가 하면 별개의 스포트를 장착해서 쓰는 두 가지의 쓰임이 있다. 대부분의 경우 타사제품과 호환이 되지 않아 쓰지 못하는 경우가 발생되므로 설계에 반영할 때는 한 회사의 제품으로 일체화하고, 사전에 시스템의 구성과 규격을 검토하여야 한다.

■트랙형 조명기구는 직접, 간접, 직간접 등이 있으며, 때로는 스포트와 복합적으로 사용하는 다기능을 가지고 있다. 부착방법은 천장부착방법과 펜던트로

늘어뜨리는 방법이 있으며, 램프커버의 교환으로 여러 가지의 배광을 갖는 기구로 변환 가능한 시스템도 있다.

그림 3-53 트랙조명

(2) 투광기(Flood Light)

■ 주로 옥외 조명기구로 실내에서는 체육관 등 넓은 장소에서 일부 사용된다. 일반적으로 옥외의 환경, 눈, 비, 강풍, 직사일광 또는 먼지, 가스, 수분에 내구성을 발휘하는 구조와 재질로 제작되어 있다.

■ 투광기는 빛을 멀리 보내거나 넓게 조사하기 위해 특수목적의 빔각을 필요로 할 때 사용되므로 고용량의 램프를 사용한다. 어떤 장소에 쓰일지 예측이 불가능하므로 커버 유리재료의 내열성 가공이나 기구 몸체의 내열구조로 램프의 수명을 연장시키고 반사판에 의해 빛의 흐름을 제어하고 있다. 설계시 피사면의 크기, 주변여건에 따른 요구조도 산정과 반사율 등을 고려하여 빛의 손실이 적은 알맞은 조명기구를 선정하는 것이 중요하다.

그림 3-54 투광기

5) **브래킷(Bracket)**

■ 벽면에 설치하는 보조적인 조명으로, 전반조명과 잘 어울려서 입체적인 공간을 만드는 데 활용하면 좋다. 비교적 눈에 띄기 쉬워, 기구의 디자인을 중시해서 선택하고, 샹들리에와 같은 디자인을 선택하여도 좋다.

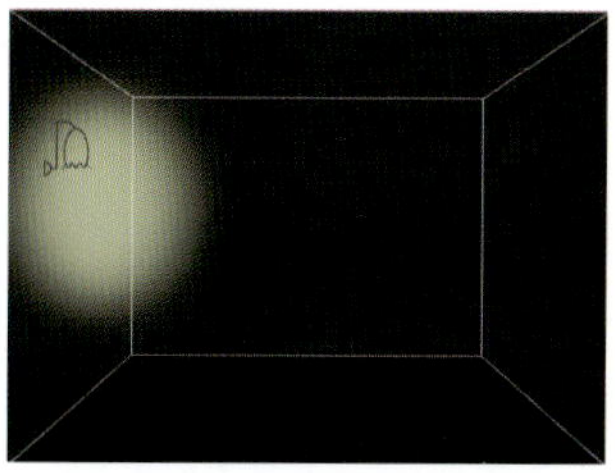

그림 3-55 장식조명용 이미지

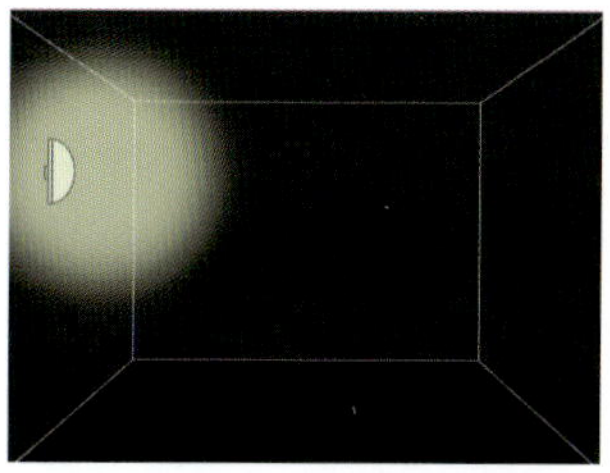

그림 3-56 유백색글로브 · 확산광 이미지

■ 브래킷은 다른 조명에 비해 은은하고 부드럽다는 특징을 가지고 있다. 브래킷을 설치할 때 너무 높이 부착하면 천장으로만 반사되어 불안하고, 너무 낮은 위치에 부착하면 아래에서 올라오는 빛이 시야를 방해할 수 있다. 따라서 브래킷은 바닥에서 1.5~1.7m 정도 되는 눈높이 수준으로 설치하는 것이 좋다.

그림 3-57 브래킷 기구

### 6) 스탠드(Stand)

■ 설치 위치에 따라 테이블 스탠드(table stand)와 플로어 스탠드(floor stand)로 나뉜다. 보조조명용인지 인테리어 오브제로 사용할 것인지 목적을 정확하게 선택하는 것이 좋다.

■ 탁자나 콘솔 위에 놓는 테이블 스탠드는 낮에는 인테리어 소품 역할을 하므로 크기가 전체 공간과 어울리는지 살펴봐야 한다. 거실이나 침실 코너에 세워 놓는 플로어 스탠드는 보조조명으로, 액자나 벽면을 강조하는 스포트라이트로 이용할 수 있고, 각도를 조절할 수 있는 플로어 스탠드는 천장을 향하게 하여 다양한 실내 분위기를 연출할 수 있다.

그림 3-58 테이블 스탠드와 플로어 스탠드

#### 7) 다운라이트(Downlight)

■ 천장에 매립하여 아랫방향을 직접 비추는 조명이다. 기구 본체가 밖으로 나오지 않기 때문에 공간을 말끔히 정리하기 쉬운 이점이 있다. 한정된 공간을 비추는 다운라이트는 전체조명의 샹들리에나 실링라이트와 조합시켜 드라마틱한 분위기를 연출하는데 적합하다.

■ 또한 여러 개를 매립하여 조광장치에 의해 방 전체의 조도를 바꾸거나 일부분만 점등하여 국부조명으로 이용할 수도 있다. 광원에는 대부분 백열등이 사용되지만 점차로 콤팩트한 형광등의 사용도 증가하고 있다.

그림 3-59 전체 조명용 다운라이트

조명디자인

# 3-3 자연조명계획

## 3-3-1 주광의 이용

■ 에너지절약을 할 수 있는 가장 쉬운 방법은 풍부하게 이용할 수 있으며, 가장 저렴한 광원인 주광을 사용하는 것이다. 수 년 동안 사무실과 그 외 몇몇 상업공간들은 주광을 제한하거나 아주 제외시켜 버리는 방법으로 건축되어 왔다. 내부 공간이 깊숙하게 설계된 건물에서 옥외의 빛이 공간 깊숙이 스며들기는 어려우며, 옥외의 빛이 실내에 들어오면 불쾌한 것으로 간주되기조차 하는 경우가 많았다.

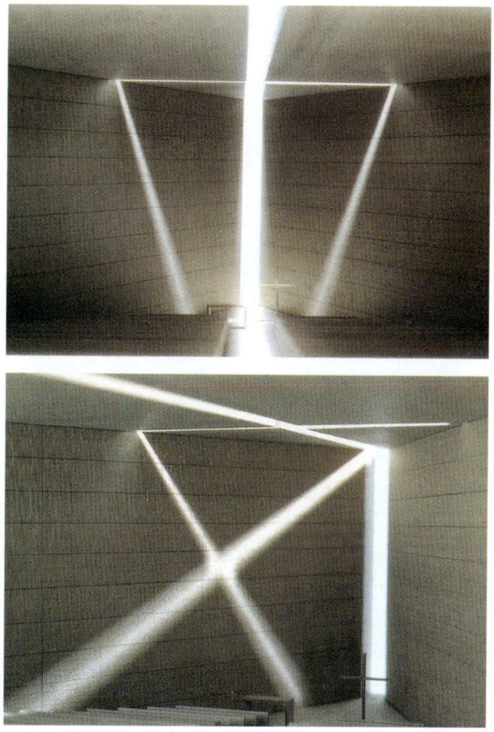

그림 3-60 주광을 이용한 건축물

■ 그러나 오늘날 환경을 인식한 건물 디자인에 대한 재평가에서 주광과 자연의 맑은 공기는 다시 중요해져 주광이 건물의 깊숙한 중심부까지 비칠 수 있도록 유리벽을 만들거나 냉방시설과 강렬한 인공조명을 피해 신선한 공기가 들어올 수 있도록 대형 창문을 재도입하는 경향이 있다. 밝은 날 주광이 불쾌한 요소가 되지 않으려면 인공조명과 같이 통제하여 사용되어야 한다.

### 1) 주광의 개념

주광은 공간의 기능적 배열, 사용자의 시각적 쾌적함과 열적 쾌적함, 구조, 에너지 소비, 인공조명의 선정과 조명제어 시스템 등 수 많은 건축요소에 영향을 준다. 또한 주광은 하루 동안의 시간변화나 계절변화에 따라 밀도, 색상이 계속

그림 3-61 천창을 이용한 주광의 유입

그림 3-62 안도 타다오의 빛의 교회의 내부

그림 3-63 르 꼬르뷔제의 롱샹교회의 내부

변하기 때문에 주광을 이용한 건물의 디자인은 다른 디자인 요소로는 만들 수 없는 생동감을 건축공간에 불어 넣을 수 있다.

과거 인공조명이 처음 나왔을 때에는 인공조명이 주광의 보조적인 역할을 했지만, 이제는 주광이 인공조명의 보조적인 역할을 하고 있다. 인공조명만으로도 실내 활동을 하는데 시각적으로 문제가 없는 경우가 많아서 주광을 건축공간에 적용하기 위해서는 적절한 당위성이 필요하다. 광원의 일부로써 주광을 선택하는 이유는 건물의 용도나 상황에 따라 차이가 있겠지만, 일반적으로 다음과 같은 점을 들 수 있다.

(1) 빛의 질

광원으로써 주광을 이용하는 중요한 이유는 주광의 질 때문이다. 인공광원보다 작은 양의 주광으로도 인간의 작업 활동에 동일한 효과를 가져 올 수 있으며, 연색성 측면에서도 주광은 가시광선 내에서 가장 이상적이다. 아무리 밝은 광원이라도 고유의 색을 제대로 볼 수 없다면 좋은 광원이 될 수 없다.

(2) 디자인 요소로써의 중요성

주광을 통해 공간의 느낌을 변화시키면서 특정한 형태를 만들어내거나 공간의 성격을 규정지을 수 있으므로 디자인적 요소로써 주광은 매우 중요하다. 특수한 목적이 있는 공간에 그 이미지를 표현하기 위해 주광을 사용하는 경우가 많다. 프랭크 로이드 라이트(Frank Lloyd Wright), 르 꼬르뷔제(Charles-Edouard Jeanneret), 알바 알토(Hugo Alvar Henrik Aalto), 안도 타다오(Tadao Ando) 등 유명한 건축가들은 주광을 디자인 요소로 활용하고 있다.

(3) 외부와의 시각적인 커뮤니케이션 연결

주광을 실내공간으로 유입하는 창문은 재실자와 외부와의 시각적인 커뮤니케이션을 연결하는 역할을 한다. 창을 통하여 외부의 정보를 얻고, 내부의 상태를 표현할 수 있기 때문이다.

(4) 에너지 절감

상업건물의 전기에너지 소비량 중 조명용 전기에너지는 전체의 30~40%를 차지하고 있다. 여러 조명용 에너지 절감 방법 중 하나인 주광을 이용하면 에너지 소비를 줄일 수 있다.

(5) 심리적, 생리적 요구의 충족

주광은 재실자의 심리적 욕구에 직 · 간접적으로 영향을 미친다. 주광이 가지고 있는 따뜻하고 깨끗하고 친근한 이미지 때문에 주광이 공급되면 작업효율에 긍정적인 영향을 준다. 그리고 주광이 유입되는 창이 없을 경우 외부와의 시각적인 접촉이 단절되어 심리적으로 불안하고 불쾌한 상태가 유지되고, 작업자가 두통이나 구토, 신경쇠약 등의 증세를 호소하기도 한다.

### 2) 주광의 이용방법

■ 주광의 색은 계절, 위도 및 하루의 시간대에 따라 달라지는데, 주광의 색은 마감재나 착색유리 등을 사용하여 변경, 조절이 가능하다. 주광은 가시광선뿐만

아니라 비가시광인 자외선과 적외선을 포함하고 있다. 적외선은 식물성 섬유나 그림의 표면에서 수분을 탈수시키며 자외선은 색을 변조, 퇴색시킨다. 주광의 열에 의한 난방효과는 부수적인 이득이 될 수도 있으나 기후조건에 따라서는 냉방설비를 갖추기도 해야하므로 이를 간과해서는 안 된다.

■측면 창에서 투입되는 주광은 인쇄활자와 그 배경 사이에 보다 적절한 대비를 부여한다. 따라서 일반 사무실이나 교실 등에서는 주광을 보다 실내 깊숙이 투입시키는 것이 바람직하다. 한편, 주광 투입시 과도한 밝기에 주의하여야 한다. 창의 배치나 외형을 고려하여 실내에 투입되는 광량이나 열을 조절한다. 주광을 실내에 보다 깊숙이 투입시키는 가장 간단한 방법은 실내의 천장이나 벽을 밝은 색으로 마감하여 창으로부터 들어오는 빛을 확산반사시키는 것으로 빛을 보다 균일하게 투입시킬 수 있다. 보다 많은 빛과 열을 실내에 투입시켜야 할 경우, 창 바깥쪽의 바닥에 흰색계열의 자갈을 깔고, 반대로 투입되는 양을 줄이고자 할 때는 창밖에 화단을 만들면 주광이 실내로 투입되기 전에 흡수된다.

■건물 평면과 입면 등에 변화를 줌으로써 주광을 이용하는 건축 디자인적 방법으로 주광을 이용할 수 있다. 주광의 역동성을 건축공간에 반영하기 위해 빛을 공간 깊숙이 균일하게 유입하는데 사용되는 대표적인 건축요소로써 광선반(light shelf), 광천창(top lighting), 아트리움(atrium), 돔 구조(dome structure), 루프 모니터(roof monitor) 등을 들 수 있다.

(1) 광선반

광선반은 창문 근처에 고정되어 설치되는 디자인적 요소로써 직사일광을 천장과 벽으로 반사하고 산란시킨다. 그래서 직사일광의 실내 유입을 막아 창문 근처공간의 과도한 휘도 발생을 방지하고 반사된 빛을 실내 안쪽으로 유입시켜 실내의 주광분포를 고르게 한다.

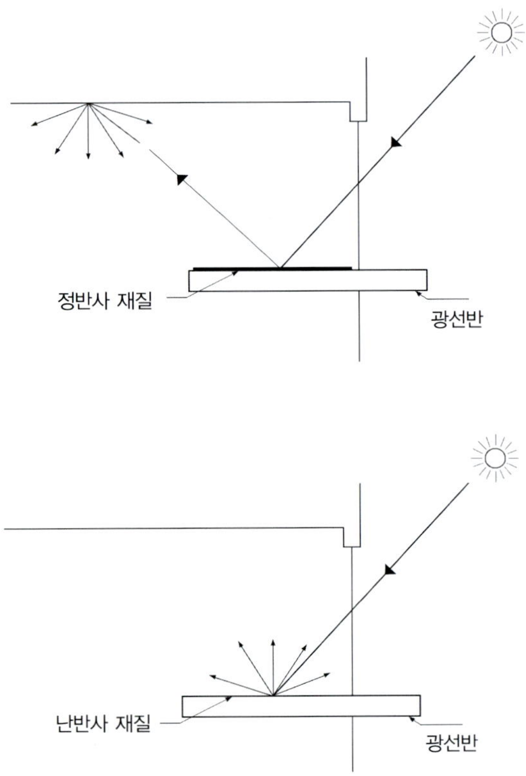

그림 3-64 정반사 재질과 난반사 재질

(2) 광천장

광천장은 천장에 설치된 수평적 창으로 많은 양의 주광이 공간 전체에 영향을 준다. 대규모 쇼핑센터나 미술관, 박물관에 많이 적용되고 있는데, 전시공간에 있어서는 전시물에 주광에 의한 변질 등의 역효과가 발생할 수 있기 때문에 특별히 주광이용에 신경을 써야 한다.

그림 3-65 구겐하임 미술관의 광천장

(3) 아트리움

아트리움은 로비 등의 공용부에 주광을 유입함으로써 건축공간에 역동적 느낌을 줄 수 있는 악센트를 주고 에너지 절감에도 기여할 수 있다. 특히 아트리움은 빛의 역동성을 통해 건축공간에 역동성을 불어넣을 수 있는데, 아트리움 천장의 종류도 평면형태, 프리즘형태, 돔형 형태, 톱니형태 등 다양하게 시도되고 있다.

그림 3-66 아트리움

## 3-3-2 채광계획

### 1) 채광의 의미

■자연광은 지구상의 대부분의 지역에 존재하는 보편성 높은 자연 에너지이다. 이 에너지를 효과적으로 이용하는 방법으로 태양광 발전, 태양열 이용 시스템 등이 실용화되고 있다. 이러한 기술 가운데 가장 이용효율이 높은 방법은 자연광을 빛으로, 조명광으로 직접 이용하는 방법이다.

■채광으로 얻는 빛은 광량이나 기후의 변동과 같은 문제로 인해 기능을 위한 빛으로는 단점이 많은 편이지만, 개방감이나 밝기감 등 환경을 위한 빛으로는 우수한 특성을 가지고 있다. 따라서 이러한 특성을 파악하여 활용하는 것이 효과적인 채광계획을 위한 핵심이 된다.

(1) 인공조명과의 조화

그림 3-67 인공조명과의 조화

■자연채광은 창문에서부터 거리가 어느 정도 이상 떨어지면 조도가 급격히 감소되어 실내에서의 조도 분포가 매우 불균일하게 되며, 균제도도 매우 낮아진다. 즉 채광만으로 원하는 빛환경을 만들기 어려우므로 조도가 부족한 부분에 인공조명을 설치하여 채광을 보충하여야 한다. 즉 실내공간에서 만족할만한 빛환경을 만들기 위해 반드시 채광과 인공조명을 병용할 필요가 있다.

(2) 채광의 조절과 조망 확보

■채광은 거주자의 시각적 피로를 덜어주고 조명에너지를 절약할 수 있는 효과적인 방안으로 건물 설계시 채광과 인공조명간의 적절한 균형이 요구된다. 광선반(light shelf), 광파이프(light pipe), 반사형 루버, 조명배치를 고려한 천장 등은 자연채광을 이용하기 위한 건축적인 기법들이다.

■유리창의 투시율을 최소 50% 이상으로 하여 자연채광을 효율적으로 도입하면서 그릴형 수평차양 가동, 루버와 가동 블라인드 같은 외부와 내부의 차양 장치 및 반사장치로 조도를 제어하면서 자연채광을 확보하여야 한다.

사무공간을 최대 7m 이내로 창문에 근접 배치하면 자연채광을 받아들이고 외부를 조망할 수 있어서 좋다. 또는 가동 루버를 사용하여 햇빛의 방향을 조절 하여 채광을 실내 깊숙이 받아들일 수 있도록 하는 동시에 창에서 가까운 업무공간에서 발생하는 눈부심을 최소화시켜 주도록 한다.

그림 3-68 차양

2) 채광과 창

■채광은 자연광을 실내로 끌어들여서 쾌적한 실내환경을 만드는 기술이다. 따라서 창은 채광에 있어서 큰 역할을 담당하고 있으며, 위치나 형태에 따라서 채광의 양이 결정된다. 그러나 자연광의 광량은 시간, 기후에 따라서 큰 변동이 있으며, 인공조명처럼 안정적이지 못하며 광원을 컨트롤할 수 없기 때문에 창에 루버나 블라인드, 커튼을 설치하든지 유리의 재질에 의해 조절할 필요가 있다.

■창에 쓰이는 재료로서 기본적인 것은 유리이다. 유리에는 통상적으로 쓰이는 투명유리, 장식성을 갖고 있어 빛을 적절하게 확산시키는 형판유리, 일사량을 감소시키는 작용을 갖고 있는 열선흡수 유리나 열선반사 유리가 있다. 또한 빛을 통과시키는 벽으로서 유리블록이 있다. 유리블록은 마치 콘크리트블록을 유리로 만든 형상으로 직선 이외에 곡선으로도 구성할 수 있고, 방음이나 단열에도 뛰어나며, 자연광을 잘 조절할 수 있는 벽면 재료이다. 유리블록에는 내면에 프리즘형태의 톱니형태를 갖고 있는 지향성(指向性) 블록도 있다. 투과된 빛은 일단 위쪽으로 향하게 되어 천장을 밝게 비추면 후미진 곳까지 밝게 할 수 있다.

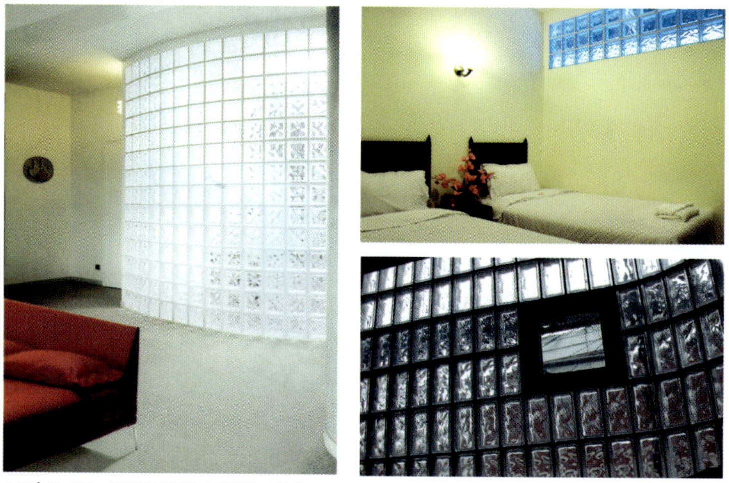

그림 3-69 유리블록을 이용한 채광

#### 3) 채광방식

■채광에 유효한 개구부를 창이라 하며, 어두운 건물 내부로 자연채광을 유입시키는 광원의 역할을 한다. 자연채광 설계시 창의 위치, 형태, 크기 등은 매우 중요하다. 왜냐하면 천창과 측창, 종창과 횡창, 전면창과 작은 창 등은 실내로 유입되는 채광의 조도에 큰 차이를 주기 때문이다.

■또한 일반적으로 창의 주요 기능은 주광의 유입이지만 그 이외에도 통풍, 환기, 조망감, 개방감, 단열, 방음, 방풍, 일조차단 등 기타 많은 다른 기능들이 포함되어 있기 때문에 설계시 이러한 기능들을 최대한 고려해야 한다.

**표 3-4 창의 기능과 역할**

| 통과기능 | 전환기능 ⟷ 개폐용이 강도유지 | 차단기능 |
|---|---|---|
| · 외부정보(경관 · 소리)<br>· 채광<br>· 빛의 통과<br>· 사람, 사물의 출입<br>· 환기 | | · 방음<br>· 단열<br>· 일사방지<br>· 사람, 사물의 진입방지<br>· 공기의 차단 |

:: 창을 생각할 경우 필요할 때 상반되는 기능을 만족시키도록 각 기능과 역할을 잘 조화시키는 것이 중요하다.

##### (1) 측창채광

벽면에 대해 연직인 창에 의한 채광을 측창채광(lateral lighting)이라 하며, 한쪽 면에서만 채광하는 편측채광과 양측면에서 채광하는 양측채광이 있다.

편측채광은 측창 채광방식 중 가장 많이 사용하는 창으로서, 실내로 채광이 한쪽에서만 들어오기 때문에 실의 조도분포가 불균일하다는 단점이 있지만, 인공조명으로 보완하면 큰 무리가 없는 방식이다. 또한 양측채광은 편측채광에 비해 조도 측면에서는 유리하지만 주광선이 2개가 있어 그림자와 실공간의 분위기가 양분되는 단점이 있다.

그림 3-70 측창채광

(2) 천창채광

지붕면에 대해 수평 또는 수평에 가까운 창에 의한 채광을 천창채광(top lighting)이라 하며, 실의 조도분포는 균일하지만 밖으로의 시야가 차단되므로 좁은 공간에서는 폐쇄된 분위기가 연출되기 쉽다.

그림 3-71 리움 박물관의 천창

(3) 정측창채광

천창채광과 측창채광의 효과를 얻기 위해 지붕면에 수직이나 수직에 가까운 창에 의한 채광을 정측창채광(top side lighting)이라 한다.

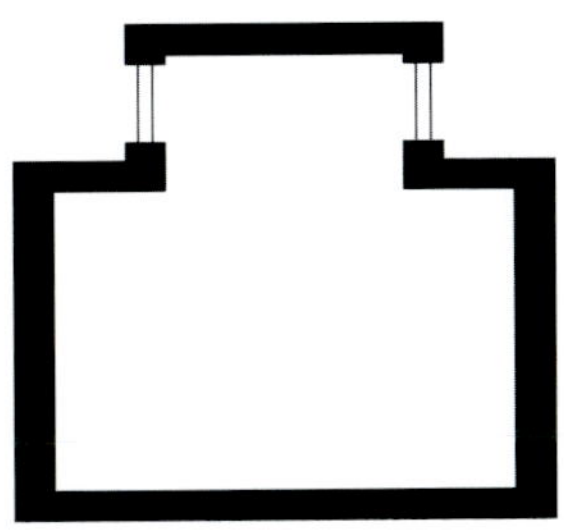

그림 3-72 정측창 채광

(4) 반사채광방식

반사채광방식은 직사일광이나 천공광을 반사시켜 실내에서 부드러운 확산광으로 만든 후 실의 깊숙한 안쪽까지 빛을 유입시켜 조도분포를 균일하게 하려는 목적으로 설치하는 채광방식이다.

조명디자인

① 실내벽 : 인공조명 사용 연색의 혼란을 방지하기 위해 중성색채 사용
② 루버 : 직사일광의 입사를 방지하고 열에너지를 분산하기 위해 사용
③ 외부조절판 : 직사일광으로부터 일사를 차단하고 음영을 주기 위해 사용
④ 수평 광선반 : 주광을 실내에 깊숙이 입사하기 위해 사용

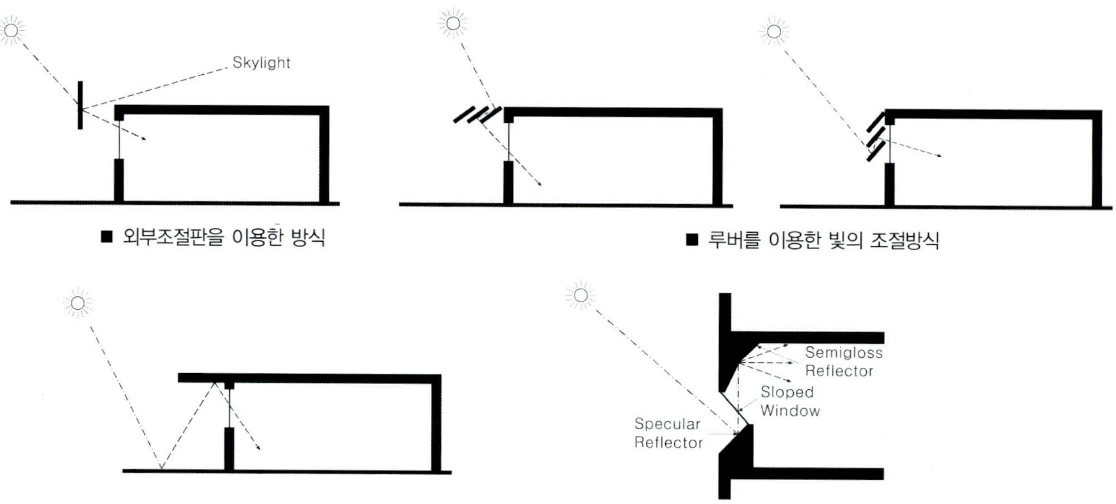


■ 외부조절판을 이용한 방식

■ 루버를 이용한 빛의 조절방식

■ 지면 반사광을 이용한 방식

■ 수평 광선반을 이용한 방식

그림 3-73 반사채광방식

#### 4) 채광설계시 유의사항

채광설계시 유의해야 할 사항은 다음과 같다.

① 채광설계시 직사일광은 실내로 유입되지 않도록 한다.
② 직사일광을 사용할 경우는 주업무공간이 아닌 곳에서만 가능하다.
③ 건물 주변의 지면이나 광선반 등을 통해 반사되어 들어오는 빛을 이용한다.
④ 솟을지붕이나 고창 등을 이용하여 부드럽게 확산되는 빛을 이용한다.
⑤ 나무나 차양을 이용하여 직사일광을 조절하거나 차단한다.
⑥ 자연채광의 경우 남쪽의 천창은 유입구를 작게 하고, 목을 길게 하여 실내로 입사하는 강한 직사일광을 벽에 부딪혀 부드러운 확산광을 만든다. 그래도 유입되는 빛이 강하거나 조절이 필요하면 천장 부분에 루버를 설치하여 조정한다.
⑦ 통풍이나 인공조명 등 다른 환경적인 요인들을 고려한 통합적인 설계가 필요하다.

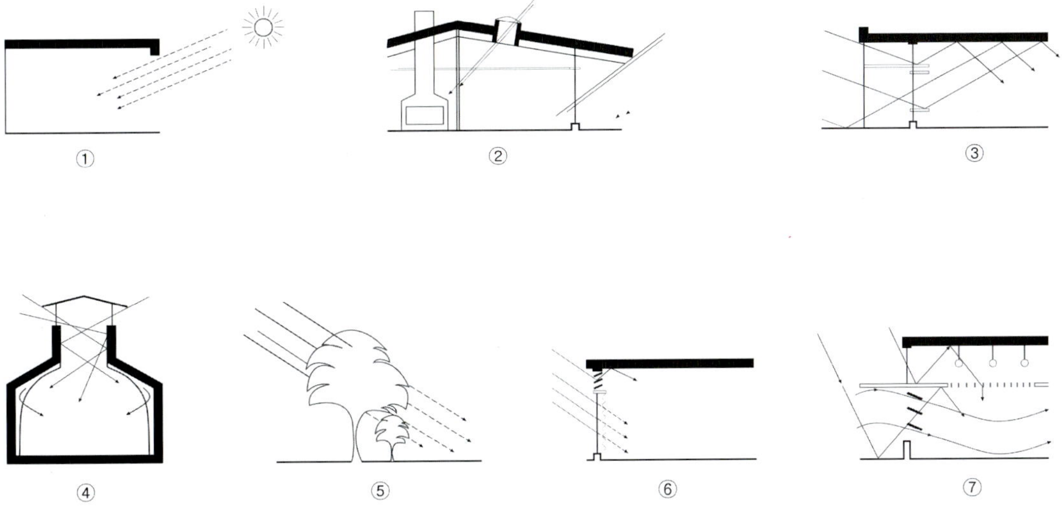


그림 3-74 채광설계시 유의사항

# 3-4 인공조명계획

## 3-4-1 조명계획의 기초

### 1) 조명계획의 기본

■조명계획은 사용자의 입장을 고려하고, 빛의 양이나 질에 관련된 조건들, 디자인에 반영될 조명기구의 기능성이나 미적인 측면, 그리고 그것들의 생산이나 사용과정에 소모되는 에너지나 사용 후의 폐기과정에서 발생할 생태학적인 측면, 기타 유지관리에 관련된 문제까지 고려하여야 실시하여야 한다. 이와 같이 건축물의 사용목적에 적합한 실내조명을 위한 광환경을 확보하기 위해 시작업에 적합한 빛의 질, 양, 방향 등을 고려하여 조명기구의 종류와 크기 및 위치 등을 결정하는 것을 조명설계라 한다. 실내계획은 전반의 이미지와 목적에 따라 조명계획이 전개되어 적절한 조명기구의 선정과 배치, 그리고 조명기구의 디자인이 되어야 한다.

■조명계획의 기본은 권장조도를 기준으로 그에 적합한 광원, 조명방식, 배광방식을 결정하고 눈부심이 없는 조명기구를 선택하고 배치한다. 또한 스위치와

콘센트 역시 계획에 포함되어 사용함에 불편이 없도록 배치한다. 실내에서 행위 유형과 그에 따른 가구배치에 의한 조명은 적절한 방식을 선택하고 주관적인 느낌에 변화를 주는 등, 공간의 분위기를 좌우한다. 빛의 밝기, 광원의 차단상태, 방향 또는 광원의 위치, 집중조명 등은 분위기 형성에 중요 변수이기 때문에 폭넓게 검토하여 조명계획을 한다. 전체조명, 국부조명, 장식조명을 적절히 배분하여 원하는 분위기의 공간이 되도록 한다.

■ 조명기구와 건축화조명을 실 전체의 디자인과 어울리도록 한다. 조명의 배광방식과 조명방식은 빛, 질, 양, 그리고 광색 등으로 입체감, 재질감, 색채감을 변화시킬 수 있다. 또한 항상 밝은 조명은 활기가 없는 것 같은 느낌을 줄 수 있으므로 명암이 있는 조명방식과 함께 조도를 적절히 배분시켜야 한다. 일상적인 반복의 작업공간은 균일한 조명보다 비균일의 조명상태가 좋으며, 비균일의 조명은 공간의 심리적인 즐거움과 함께 효용성이 크다. 좋은 조명방식은 심리적으로 공간감을 느끼게 하는데, 벽을 밝게 비추면 공간감이 돋보이고 조도가 높을수록 공간의 여유감은 더해진다. 실의 용도와 형태, 크기 등에 따라 이를 적절히 이용하여 계획한다.

■ 전체조명에 있어서 불필요하게 조도를 높이면 눈부심으로 인해 불쾌한 조명이 되므로 적절한 조도배분과 배광방식으로 한다. 시야 내에 눈부신 광원이나 반사광이 있으면 조명기구의 위치를 바꾸거나 조절기구로 눈부심을 방지하여 쾌적한 조명환경이 되도록 한다.

조명기구는 빛을 배분하는 수단이므로 조명기구의 선정시 조명기구의 배광성능을 충분히 파악한 다음 장식성을 고려하여야 한다. 낮에는 조명기구 자체가 가진 미적인 아름다움이 있어야 하며, 밤에는 조명기구가 빛을 발하여 눈에 띄기 쉬운 요소가 되므로 배광효과와 함께 장식성이 있어야 한다. 또한 조명기구의 형태는 실내 전체를 구성하는 다른 요소들의 양식과 어울려야 하며 실의 용도, 행위에 광원의 광학적 측면과 경제성을 고려하여 적절한 광원을 선택하여야 한다.

#### 2) 조명계획의 조건

■ 시대상이 확실하게 잘 보이는 쾌적한 환경을 만드는 것이 조명의 목표이다. 어떤 사물이 보인다는 것은 그것으로부터의 반사광이 눈의 망막에 상을 맺기 때

문이다. 쾌적한 시환경이란 무엇이며, 그렇게 만들기 위하여 어떤 빛을 얼마만큼 어떻게 입사시키면 좋은지를 고려하는 것이 조명계획의 주요한 문제이다.

■ 일반적으로 사물을 잘 보기 위한 조건으로 시대상물의 크기, 밝기, 대비, 시간 등이 문제가 된다. 크기에 있어서는 밝기와 대비가 같아도 시대상물의 크기가 커야 잘 보인다. 또한 밝기는 빛을 받는 조도뿐만 아니라 대상물의 반사율에 의한 휘도에 따라 정해진다. 한편, 대비조건은 시대상과 주변의 배경과의 밝기 차이가 문제가 되며 사물을 보는데 크게 영향을 미친다. 또한 사물을 잘 보기 위해서는 어느 정도의 적응하는 시간이 필요하다. 이상의 네 가지는 기본적인 조건이며, 이 중 특히 밝기와 대비는 기술적으로 중요한 조건이 된다.

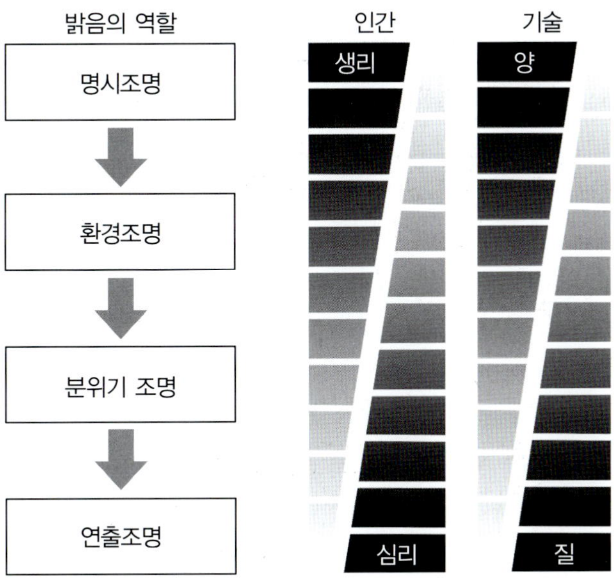


그림 3-75 조명의 종류와 인간의 반응

### 3) 조명계획의 전개

■ 조명계획의 전개는 우선 조명을 중심으로 실내계획의 내용을 파악해야 하는데, 이는 전체 디자인의 의도 및 공간의 성격을 조명계획에 반영시켜야 하기 때문이다. 적정조도 기준에 의거하여 전체 내부공간의 적정조도를 설정하고, 실내에서의 행위와 가구배치를 중심으로 공간을 분석하여 조명의 영역을 조닝(zoning)한다. 이때 전체조명, 국부조명, 장식조명이 균형 있게 조화되도록 한다.

■조명의 경제성, 즉 예산, 전력량 유지, 절전 등을 고려하여 배광방식을 결정하고 광원을 선정한다. 조명의 연색성, 재료의 색과 질감에 따른 빛의 반사율, 공간의 크기와 형태에 따른 공간감과 조명의 효과, 조명연출기법, 사용자측의 요구 등을 종합적으로 고려하여 조명계획에 반영한다.

■조명기구와 건축조명방식을 용도에 맞게 적절히 배치하는데 조명기구의 설치간격은 작업면 조도가 균일하도록 기구 설치높이의 1.5배 이하로 하며, 기구와 벽과의 거리는 기구 설치높이의 1/2 이하가 적당하다. 시공방법, 조도계산, 관련법규, 조도분포 등을 함께 고려하여 천장도에 광원의 종류, 조명기구의 용량과 개수, 조명기구, 조명방식 등을 표기하여 도면화한다.

■조명계획은 최종적으로 조정되고, 조명기구가 설치된 후 평가과정을 거친다. 평가과정은 조도를 실측하고 제어기능을 확인하여 좋은 조명으로 계획되었는가를 검토하는 과정이며, 다음 조명계획시 이를 바탕으로 좀 더 쾌적한 조명환경이 되도록 하는 것이다.

■조명환경은 심리적, 생리적, 감각적 요구와 사회적 요구에 의해 평가된다. 조도, 휘도, 반사율, 분포 등이 물리량 등으로 표시되어 평가되며, 그 결과는 조명환경을 수정한다. 이때 평가기준은 적정한 조도의 제공으로 양호한 시기능을 수행해야 하며, 시각적으로 불쾌하지 않고 편안해야 한다. 즉 공간을 사용하는 사람들은 조명이 너무 어둡거나 밝아서 혼란함이 없어야 하며, 조명된 부분에 그림자와 반사가 없어야 한다. 또한 실내공간에서 요구하는 분위기와 적합해야 한다.

### 3) 조명설계의 순서

건물에 대한 조명계획을 구상하기에 앞서 건축도면을 우선 입수해야 한다. 건축도면이 입수되면 건물의 규모, 실(室)의 상태(넓이, 천장높이, 벽의 마무리 공사 상황), 건축적 구조, 그 건물에서 하게 될 작업의 성질, 배선이나 기구취부 등의 난이도 등을 조사하여 검토함과 동시에 건물주의 의견 등을 청취해야 한다.

조명설계는 다음의 순서에 따라 계획한다.

① 소요조도의 결정(추상조도표 등을 참작)

② 조명방식의 검토

③ 광원의 선정

④ 조명기구의 선정(메이커의 카탈로그, 조명공간의 데이터북 등)

⑤ 조명기구의 배치결정

⑥ 실지수의 결정

⑦ 조명률 결정

⑧ 감광보상률(유지율)의 결정

⑨ 총광속의 결정

⑩ 총광원수 및 크기의 결정

⑪ 조도분포와 휘도에 대한 점검

⑫ 점멸방법의 검토

⑬ 스위치, 콘센트류의 배치

⑭ 전기배선설계

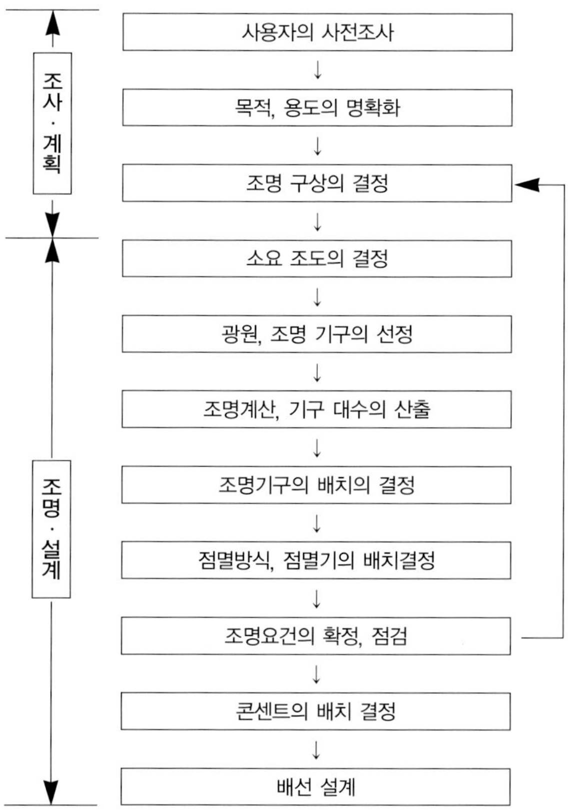


그림 3-76 조명설계 디자인 프로세서

### 5) 조명계획 안의 평가

계획된 안에 대해서 다음 사항에 대한 평가를 하여야 한다.

① 해당 장소에서 활동하는 데 적합한 조명인가?

② 해당 공간에서 행해지는 특정한 작업에 적합한 조도레벨이 있는가?

③ 정확한 빛을 제공하는 것과 더불어 눈부심과 대비비율과 같은 보는 사람의 편안함에  대한 더욱 섬세한 측면들이 역점적으로 다루어졌는가?

④ 조명디자인이 건축개념을 보강하고 있는가?

⑤ 디자인이 주는 행복감을 줄 수 있도록 더욱 더 자연스런 활동의 분위기나 상태를 만들어 주는가?

⑥ 조명요소(조명기구와 커브(cove)와 같은)가 건축구조로 잘 통합되었는가?

⑦ 조명디자인에 기술적 전문지식을 구현하고 있는가?

⑧ 에너지 절약이 문제인 경우 그 제한된 범위 내에서 해결책이 성공적으로 수행될 수 있는가?

⑨ 예산이 제한되어 있어 문제가 되는 경우 그 제한범위 내에서 해결책이 성공적으로 수행될 수 있는가?

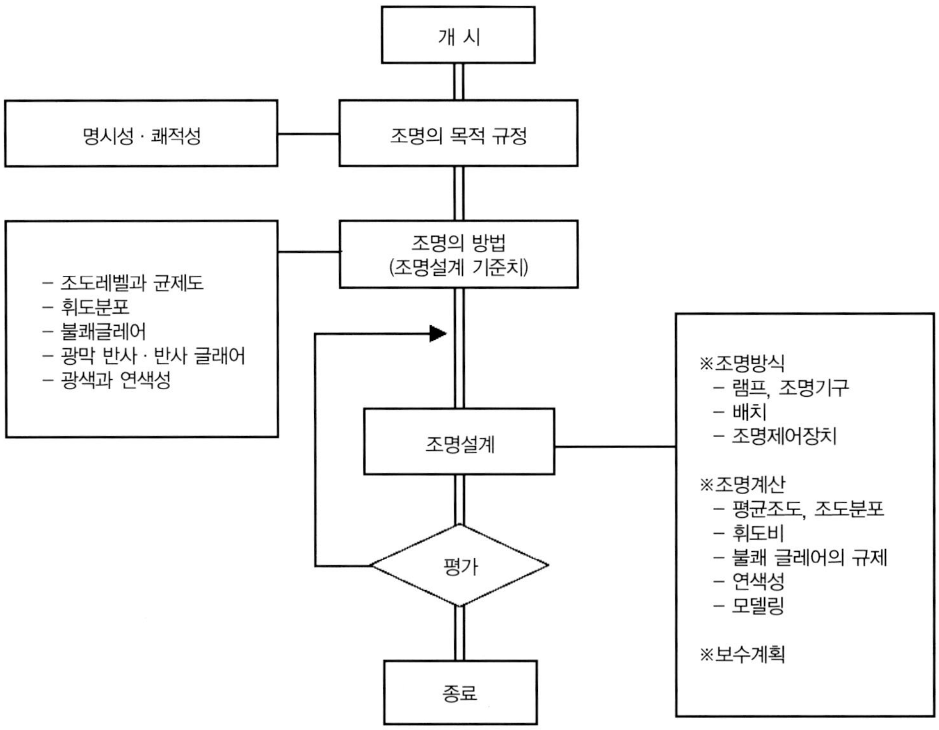


그림 3-77 조명계획과 설계의 순서

조명디자인

## 3-4-2 각 공간별 조명계획의 안

### 1) 사무실 조명

■ 사무실 조명의 목적은 안전성, 명시성, 쾌적성 및 연출성의 확보이다. 그러나 명시성이 확보되면 당연히 안전성도 얻어지고, 넓은 의미로 쾌적성이 확보되면 연출성도 얻어지므로 조명의 목적을 명시성과 쾌적성 확보라는 두 가지로 집약할 수 있다.

사무공간은 외형적이고 치장적인 요소를 벗어나 업무를 보는 공간으로서 그 효율성에 중점을 두고 작업자의 업무 능률을 향상시킬 수 있어야 한다. 다양한 업무를 장시간 하여도 눈의 피로를 느끼지 않도록 충분한 밝기와 그림자가 생기지 않도록 적당한 휘도 대비, 반사, 현휘 등을 고려하여야 한다.

■ 종래 사무실 조명은 실내의 많은 사람들에게 필요한 작업조도를 평균적으로 준다는 관점에서 평균조도가 조명의 설계와 평가의 중심이 되어 왔다. 그러나 최근 사무실 조명은 특히 조명기구에서의 눈부심을 제한함으로써 쾌적한 환경을 만드는 것과 동시에 OA기기가 사무실 내에 도입됨에 따라 이에 대한 조명을 고려하여야 한다. 작업조명의 목적에 적합한 조명환경을 위해서는 조도와 시각기능의 관계를 인식하는 것이 중요하다.

경제적으로 높은 조도를 얻으려면 고효율의 램프와 기구의 효율(%)이 뛰어난 조명기구의 선택이 중요하다. 일반적으로 책상 표면에 양질의 작업 조명을 기본으로 눈부심 없는 전반조명과 업무의 지루함을 없애기 위한 흥미 있는 주변 조명, 시각적인 편안함을 위한 기타 조명을 제공해야 한다.

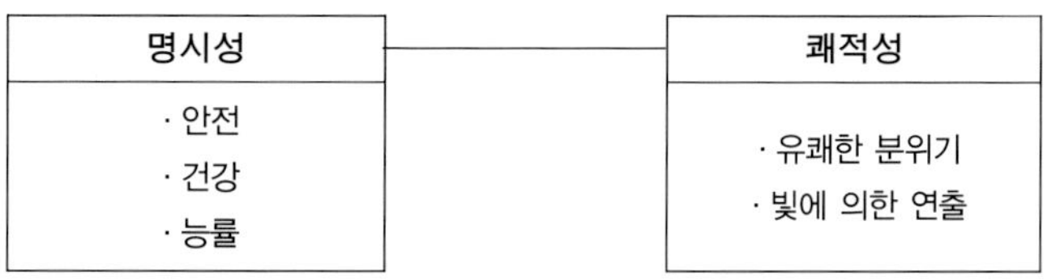


그림 3-78 사무실 조명의 목적

■ 사무실 조명에서는 삼파장 형광등, 텅스텐 할로겐램프, 저전압 할로겐형광등, 메탈할라이드램프, 고압 나트륨램프 등이 가장 많이 사용되는 조명기구이다. 사무실 전반의 조명은 주로 형광등으로, 오피스 빌딩의 총 가설등 수의 90% 이상이 형광등이다. 이처럼 형광등이 주로 쓰이는 이유는 수명이 길고 고효율이며 광색이 뛰어나고 저휘도의 확산광, 냉광성 등의 장점이 있기 때문이다.

(1) 사무실의 조명방식

■ 사무실의 전반조명은 조명기구를 실내의 천장면에 규칙적으로 배치하여 작업지역 전체를 균일하게 조명하는 것이 좋다. 특히 필요에 따라서는 특정 작업장소를 그 주변에 비해 고조도가 되도록 하는 국부적 전반조명방식을 택하도록 한다.

사무실의 국부조명은 특정한 시각작업을 위하여 전반조명과 함께 사용하거나 혹은 분리하여 제어하도록 한다. 작업 및 환경조명(task and ambient lighting ; TAL)은 특정 작업면을 작업등(task lighting)으로 조명하고, 그 주변을 다른 조명기구(ambient lighting)로 작업조명의 1/2~1/3의 조도로 조명하는 방식이 좋다.

■ 램프의 선정은 효율, 색온도, 연색성, 수명 등을 고려하여야 하며, 조명기구의 선정은 조명기구의 외관이 사무실에 어울리는가, 배광, 눈부심 분류, 형광등 기구의 경우 기기에 내장되어 있는 안정기의 종류 등을 고려하여야 한다. 조명제어장치는 T.P.O(시간, 장소, 상황에 따라 마케팅 세분화 전략에 의해 강조한 것)에 따라 조도수준을 바꾼다던가, 에너지절약을 위한 조명의 연출에 사용된다. 필요한 조도수준과 균제도의 확보와 사무실 내의 미적인 인상을 만들기 위해 검토의 과정을 거친 후 조명기구를 배치해야 한다.

**표 3-5 TAL과 전반조명 방식의 비교**

| | TAL | 전반조명방식 |
|---|---|---|
| 실내휘도분포 | 비균일적, 동적 | 균일적, 정적 |
| 빛의 방향성 | 눈높이보다도 낮은 위치에서의 환경조명에서는 아래로부터 위로의 빛이 있을 수 있다. (아래에서 위로의 빛은 얼굴의 인상이 나빠지기 때문에 주의) | 위에서 아래로 |
| 글 레 어 | 광원이 눈에 가까우므로 글레어의 방지는 필수 조건 | 가장 중요, 적절한 조명기구를 선정 |
| VDT화면의 반사 | 작업등의 위치에 주의할 것 | 글레어를 충분히 규제한 조명기구를 사용 |
| 광 원 | 형광램프 외에 환경조명용으로 HID램프(간접조명형)가 사용된다. | 효율, 광색, 경제성의 점에서 형광램프가 최적 |
| 조 작 | 개별적, 바닥에 콘센트가 필요 | 전체적 |
| 파 티 션 | 파티션을 사용한 작업공간을 만들기 쉽다. | 그림자에 요주의 |
| 조명용 전력 | $W/m^2$, 작업등 수, 천장의 반사율에 영향을 받는다. | $W/m^2$ 약간 에너지 절약이 된다. |

## (2) 사무실 조명의 평가

계획대로 조명시설이 시공되었는지를 확인하고, 그 성능을 평가하여 새로운 조명설계에 반영할 수 있도록 평가하여야 한다.

**표 3-6 일반 사무실의 평가 항목과 측정항목**

| 평 가 항 목 | 측 정 항 목 |
|---|---|
| 일반 작업성 | 작업면 조도 |
| VDT 작업성 | 키보드면의 조도 |
| | VDT의 화면 조도(연직면) |
| | 조명기구의 글레어 분류 |
| 얼굴이 보이는 상태 | 연직면 조도(마루 위 1.2m) |
| 쾌적성 | 작업면 조도 균제도 |
| | 조명기구의 글레어 분류 |
| | 주요 내장재의 반사율 |
| | 램프의 색온도 · 연색성 |

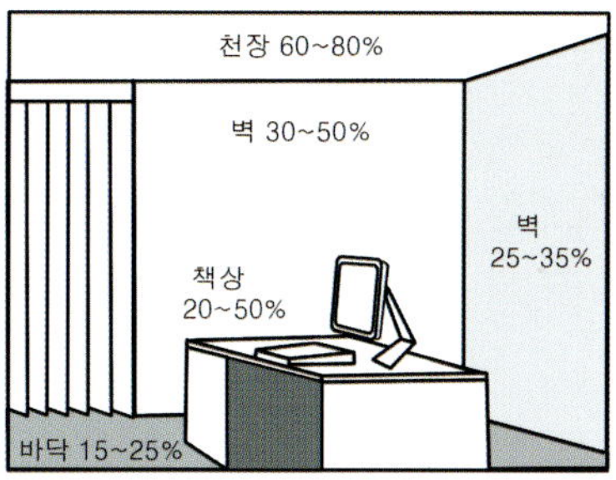


권장 표면 반사율

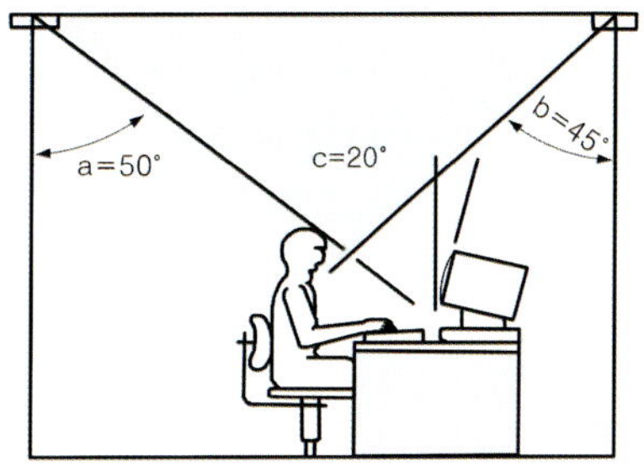


a. 스크린에 반사 글레어가 생기지 않도록 하는 보호 지역
b. 직접 글레어를 방지하는 보호 지역
c. 글레어가 발생하지 않는 스크린의 최대 기울기

그림 3-79 컴퓨터작업을 하는 사무실조명

그림 3-80 사무실내부조명

### 2) 공장조명

■ 공장조명의 기본적인 목적은 생산성 향상에 있다. 그러나 그보다 더 중요한 것은 장시간 안심하고 근무할 수 있는 안전의 확보이다. 따라서 근무자가 능력을 충분히 발휘할 수 있는 쾌적한 환경조성과 안전성 확보가 공장조명에 있어서 가장 중요한 부분이다.

■ 공장조명은 작업자의 재해방지, 피로감소, 환경의 쾌적함을 도모함과 동시에 시력을 보호하고, 활동이 원활하게 되도록 하며, 안전감을 증가시켜 작업의 능률을 향상시킴으로써 생산성 증대를 목적으로 조명설계를 해야 한다. 특히 공장조명에서는 효율이 높은 것이 필요하고, 전반조명에는 백열전구, 형광등 또는 고압수은등에 확산반사각을 사용하며, 국부조명에는 각각의 장소와 용도에 적당한 국부조명기구를 사용한다.

■ 공장조명을 계획할 때에는 작업내용의 분석(매우 정밀한 작업인가, 보통인가, 거친 작업인가)과 작업 대상물(매우 세밀한 것인가, 표면은 광택이 있는가, 빛을 통과시키는가, 색채는 어떠한 것인가 등)을 조사하여야 한다. 그리고 작업속도(작업속도가 빠른 것인가, 대상물이 고속으로 회전 또는 이동하는 것 인가 등)와 작업장 내의 환경(작업장의 색채는 밝은가, 자연광의 상태는 어떠한가, 작업장이 넓은가, 온도가 높은가 등)을 분석하여 조명계획 시에 반영하여야 한다.

**표 3-7 작업환경조명의 목적**

| |
|---|
| · 작업자의 시각적인 안정성을 확보하여 쾌적한 시환경을 만드는 것<br>· 작업자가 작업하기 쉽고, 작업에 필요한 부분이 잘 보이도록 할 것<br>· 작업자의 피로가 적고, 시각기능의 장애가 생기지 않도록 하는 것 |

그림 3-81 공장내부조명

### 3) 주택조명

■ 조명은 주거환경에 큰 영향을 미치고 있는 요소이다. 방의 배치가 결정된 후 각방의 용도, 가구의 배치나 동선 혹은 조명수법에 관계없이 배선도에 따라서 배선공사가 이루어진다. 그리고 내부장식이 거의 완성되는 단계에 맞추어서 조명기구는 디자인과 밝기만으로 선정되어 배치된다. 따라서 다양한 주생활에 적응할 수 있는 조명계획이 이루어지기 힘들어 인공조명에 대한 불만이 많은 편이다.

■ 합리적인 주택조명계획은 다음과 같은 순서로 하는 것이 좋다.

① 거주자의 욕구 파악

② 가족의 생활양식과 생활습관, 생활행위의 분석

③ 가족의 생활공간의 기능 세분화

④ 필요한 방수의 분배

⑤ 조명의 설치장소와 조명방식을 결정한다. 이때 완성된 평면도에 생활패턴을 결정하여 가구나 집기, 전기설비의 배치에 적용할 조명방식(기종과 램프 종류별, 와트수)과 디자인을 결정한다.

⑥ 배선도를 작성한다. 이때 조명설비와 콘센트 설비도에 근거한 전기배선공사를 실시한다.

⑦ 조명기구를 최종적으로 결정한다. 이때 공사기간에 맞추어 인테리어 스타일에 맞는 디자인의 조명기구를 쇼룸에서 선택하여 결정한다.

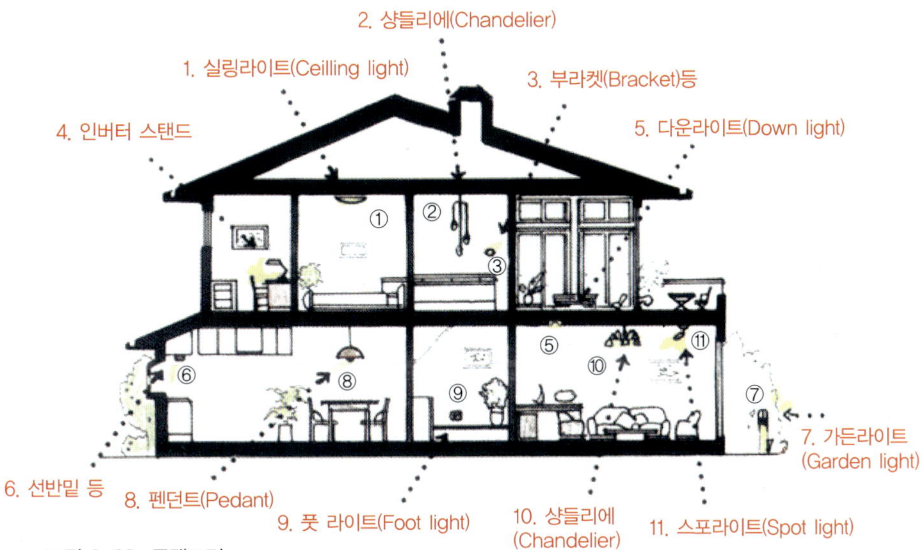


그림 3-82 주택조명



조명디자인

### 4) 상업공간 조명

■상점의 조명은 고객의 심리적, 생리적 반응을 고려하여 고객이 진열된 상품에 대해 흥미를 갖고 어느 각도에서든 명료하게 상품을 볼 수 있도록 하고 상품의 가치를 돋보이도록 하여 판매 공간으로서 분위기를 조성할 필요가 있다. 경영전략으로 조명에 대한 인식이 대단히 높아지며 항상 새로운 공간의 창조가 요구되고 있으므로 잠재적인 고객의 시선을 끌고 흥미를 유발시키기 위해서는 상품의 가치와 질(quality), 디자인을 조명으로 강조해 주어야 한다.

■상점조명은 기본조명(전반조명)과 중점조명(악센트조명) 그리고 장식조명으로 구분할 수 있다.

① 기본조명 : 점내 전반 혹은 각 부분에 있어서 기본의 명도를 얻기 위한 상점조명의 기초 조명 방법으로, 비교적 얼룩이 없이 광범위하게 비추는 것이 좋다. 그러나 기본조명을 고조도로 하면 그보다 수배의 조도가 필요한 중점조명과 대비의 문제가 발생할 수 있다.

② 중점조명 : 상품 근처를 밝고 효과적으로 비추어 소구력을 높이는 조명방법이며, 상품에 직결된 조명으로서 특히 중요한 역할을 수행한다.

③ 장식조명 : 장식효과나 악센트 효과를 기대하여 사용되는 조명방법으로, 점포의 개성화 표현의 수단으로서 활용된다.

**표 3-8 상점조명의 분류와 기법**

<table>
<tr><th rowspan="2">조명<br>분류</th><th rowspan="2">조명대상과 광원</th><th rowspan="2">요건</th><th colspan="3">조명기법</th></tr>
<tr><th>전반조명</th><th>국부조명</th><th>장식조명</th></tr>
<tr><td rowspan="2">상품연출<br>조명</td><td>중점상품(특별선정상품)<br>- 디스플레이 조명</td><td>고객에에 상품이 단시간에 매력적으로 보이게 하는 것</td><td rowspan="4">베이스<br>조명</td><td rowspan="2">중점조명</td><td rowspan="2"></td></tr>
<tr><td>일반상품(진열상품)<br>- 세팅, 스톡조명</td><td>상품의 색이나 형태가 제대로 보일수 있게 하는 일</td></tr>
<tr><td rowspan="3">공간연출<br>조명</td><td rowspan="2">주변(천장, 벽, 바닥)</td><td>안정성 확보</td><td rowspan="2">벽면조명</td><td rowspan="2"></td></tr>
<tr><td>쾌적한 장소로의 분위기 조성</td></tr>
<tr><td>광원</td><td>장식 효과와 인테리어와의 조화</td><td></td><td></td><td>장식조명</td></tr>
</table>

■상점조명에서의 빛의 효과

① 수평면의 밝기 : 바닥이나 테이블 등에 수평으로 놓인 상품에 유효한 조도로 상점의 밝기를 주로 나타낸다. 실제로는 내부 구조체와 상품의 색, 조명기구의 배광에 따라 공간의 밝은 느낌은 변화된다.

② 연직면(벽면)의 밝기 : 공간에 밝은 느낌을 주고 중점조명으로 사용하여 공

간에 명암을 만드는데 유효하다. 시야에 가장 들어오기 쉬운 부분으로 상품의 연출만이 아니라 공간의 넓이를 느끼게 하고, 긴 벽면을 넓게 해 주면 도입효과를 높이는 등 심리적으로 주는 영향이 크고 중요한 부분이다.

③ 중점(focal point)의 밝기 : 공간에 변화를 만들고 주요상품을 눈에 띄게 하여 구매를 촉진하는 목적이 있으며, 디스플레이 내에서 빛의 균형과 상점 전체의 밝기 가운데 디스플레이의 빛의 리듬을 고려해야 한다. 균형과 리듬은 상품이나 공간을 매력적으로 보이게 한다.

:: 램프나 기구의 적당한 반짝거림은 화려함과 밝은 느낌을 증가시키지만 필요 이상의 눈부심은 불쾌한 글레어를 일으켜 손님에게 불쾌함을 주고 상품선택에 방해가 된다. 따라서 다운라이트, 형광등 기구는 컷오프앵글을 확보한 것이나 하면에 루버를 붙인 것을 선정하는 것이 좋다. 특히 쇼 케이스나 광택 면이 수평으로 위치한 경우 반사글레어가 발생하므로 조명기구의 위치나 조사방향에 주의할 필요가 있다.

그림 3-83 상점조명(뉴욕고려당)

그림 3-84 상점조명(치킨전문점)

그림 3-85 상점조명(패션숍)

그림 3-86 상점조명(헤어숍)

#### 5) 전시조명

(1) 전시조명의 목적과 고려사항

■ 여러 종류의 전시공간 중 박물관은 다목적 전시공간이다. 박물관은 자료를 수집하여 보존하는 기초적인 임무를 수행해야 하며, 또한 소장품을 대상으로 조

사 · 연구하여야 하고, 동시에 그 결과를 능동적으로 교육하고 보급해야 한다. 박물관의 또 다른 기능은 전시, 즉 시각에 의한 정보전달이다. 그러므로 일차적으로 전시물은 본래의 모습을 잘 나타내어야 한다. 또한 전시물의 보존도 고려되어야 한다. 전시물에 적용하는 빛은 광학적 변화와 온도상승을 일으켜 전시물에 손상을 줄 수 있는 잠재적인 상황에 놓이게 한다. 즉 박물관은 전시와 보존이라는 상충된 기능을 만족시킬 수 있는 균형 있는 계획을 하여야 한다. 미술관의 경우에는 박물관의 역할 중 전시목적이 보다 강조되었다고 생각하면 된다.

■ 전시조명을 계획할 때, 전시면의 조도는 관람자가 쾌적하게 피로감 없이 전시물을 감상, 관찰할 수 있도록 하여야 한다. 그리고 연색성을 사용하는 것이 바람직하며, 특별한 연출 효과를 제외하고는 일광에 근사한 광색을 요구한다.

회화 그림과 같은 벽면에 진열되는 평면적인 전시물의 경우 전시 작품으로부터의 시거리는 회화 밑변 길이의 1.5배 정도가 적당하고, 조각 등의 입체적인 전시물은 독립적으로 전시하여 사방에서 볼 수 있게 하며, 상부의 주광선과 확산 반사광에 의한 보조 조명 및 하부에서의 스포트라이트를 사용하면 효과적이다.

유리 케이스 내의 전시물은 유리면에 의한 다른 영상이 생기지 않도록 케이스 내부 휘도를 높이고, 벽면에 붙은 케이스인 경우에는 광원이 관람객 눈에 들어오지 않도록 차광 장치를 하여야 한다.

■ 조명은 시각성을 높여 주는 것이기 때문에 다음 사항을 고려하여야 한다.

① 램프의 종류 및 형태를 제한하여 사용한다.
② 실질적으로 수명이 긴 조명방식을 이용한다.
③ 교환시 조명기구를 분해하는 것은 피해야 한다.
④ 일반램프를 이용할 수 있는 곳에 특수 목적용 램프의 사용을 피한다.
⑤ 모든 조명설비에 쉽게 접근할 수 있도록 한다.
⑥ 램프의 수를 줄일 수 있도록 높은 와트의 램프를 이용한다.
⑦ 백열램프를 사용할 때는 보통 일반 스크루 베이스(screw base)를 사용한다.
⑧ 램프나 관리부품을 저장할 수 있는 적절한 공간을 갖추어야 한다.

표 3-9 전시조명의 권장 조도

| 구분 | 빛에 대단히 민감한 전시물 | 빛에 비교적 민감한 전시물 | 빛에 민감하지 않은 전시물 |
|---|---|---|---|
| KS | 200lx<br>박제품, 표본은 100lx | 400lx | 1,000lx |
| 국립 박물관 | 50lx<br>12Klx·hour(50·8·30)<br>100년 후의 변색을 기준 | 150lx<br>108Klx·hour(150·8·90)<br>100년 후의 변색을 기준 | 450lx 이하 |
| ICOM | 50lx(가능한 낮게 유지)<br>색온도 : 2900K | 150~180lx<br>색온도 : 4000K | 특별한 제한은 없으나, 300lx를 초과할 필요는 없음<br>색온도 : 4000~6000K |
| CIE | 50lx | 150lx | 특별한 제한은 없으나, 전시와 온도상승을 고려하여 결정함 |
| IESNA | 50lx<br>50Klx·hour(50·8·125)<br>재질에 따라 조도, 전시기간을 조정할 수 있음 | 200lx<br>480Klx·hour(200·8·300)<br>재질에 따라 조도를 낮춤 | 전시조건에 따라 결정 |
| CIBSE | 50lx<br>150Klx·hour<br>(주당 60시간, 연간 50주) | 200lx<br>600Klx·hour<br>(주당 60시간, 연간 50주) | 순응과 온도상승을 고려하여 결정 |

그림 3-87 전시조명

(2) 전시조명 디자인의 프로세스

■ 전시공간의 조명디자인은 관람객이 보고, 느낄 수 있도록 해야 한다. 조명디자인은 조사와 분석으로부터 시작된다. 일반적인 조명디자인은 건축적 조건과 작업에 관련된 조건을 중심으로 이루어지나, 전시조명 디자인은 조사와 분석 과정에서 전시와 관련된 조건이 추가된다. 즉 조명디자이너는 전시실의 물리적 규모나 출입구의 위치를 확인하고, 실내의 시각적 공간에 따라서 움직인다. 이와 함께 전시실의 채광을 하는 면이나 실내의 마감재를 고려하여 밝기의 패턴을 영상화한다. 그리고 전시시나리오에 계획되어 있는 각각의 전시물이 그 안에서 어떻게 드러나 보일까를 생각하여야 한다. 전시물의 크기나 형상은 물론 색상, 표면의 질감, 내광성 등은 조명 디자이너가 빠뜨리지 않고 파악하고 있어야 할 전시물의 특징이다.

■ 구상이 완료되면 조명방식을 결정하고, 그에 따라 광원과 조명기구를 선정한다. 직접조명기구를 디자인해야 할 때도 있다. 시중에서 유통되고 있는 기존의 조명기구로서는 충분한 조명효과를 얻을 수 없는 경우가 전시공간에서는 종종 있다. 이러한 경우에 빛이 비추어진 상태를 예측하여 올바른 조명기구의 디자인을 하여야 한다.

■ 이러한 일련의 과정은 반드시 관람객의 입장을 고려해서 진행하여야 한다. 관람객의 입장에서는 전시물을 보는 것도 중요하지만 관람 동선을 파악하여 주변의 환경을 이해하는 것도 중요하다. 비록 전시물을 관람하는 도중일지라도 이와 같은 여타의 시각정보에 대한 욕구가 있는 것이다. 그리고 그러한 욕구는 때때로 전시물의 관람보다도 가치가 있을 수 있다.

■ 디자인의 결과물은 설계도서로 표현하여야 한다. 건축화조명과 같은 간접조명이나 조명기구의 취부 상태에 대한 상세도의 점검도 필요하고, 전원공급과 제어시스템을 위한 배관, 그 외의 설비와 간섭이 있는지 여부도 확인하여야 한다. 그리고 유지관리에 필요한 지침서를 작성하여야 한다. 유지관리 지침서에는 기본적으로 경제성을 고려한 램프의 교체방법이나 각종 설비의 점검 방법에 대한 내용 등을 기록하여야 한다.

조사분석 → 조명방식결정 → 설계도서작성 → 시 공 → 평 가

**조사분석**

· 건축적 조건
- 공간의 물리적 규모
- 마감재의 광학적 특성
- 관람동선의 연결 상태
- 출입구의 위치
- 자연채광의 여부

· 전시와 관련된 조건
- 전시 시나리오
- 전시물의 특성
- 진열장의 형태, 배치
- 시청각 기자재의 위치
- 전시보조자료

·관람객의 행동특성
- 관람이외의 작업
- 조명의 양과 질

· 기타조건
- 관련 법규나 규정
- 초기투자비와 관리비
- 에너지 사용

· 디자이너의 의도

**조명방식결정**

· 기본설계도서의 작성
- 조명방식의 결정
- 조명기구의 선택
- 조명기구의 배치 계획
- 조명제어 방식의 결정
- 건축화조명에 대한 검토
- 개략예산서의 작성

· Light Rendering

**설계도서작성**

· 실시 설계도면의 작성
- 조명기구의 배치, 결선
- 상세도의 작성
- 일위대가의 작성
- 내역서의 작성

· 시방서작성
- 일반시방서
- 특기시방서
- 기구의 제작, 구매

· 조도계산서의 작성

· 설계 설명서의 작성

· 유지관리지침서 작성

그림 3-88 전시공간 조명디자인의 프로세스

### 6) 옥외조명

빛은 건축물의 다양한 구조적 변화를 요구하기도 하지만, 구조 그 자체가 다양하고 특별한 빛의 효과를 만들어내기도 한다. 옥외조명이 잘 되어 있으면 건축물이나 주변환경이 개선될 수 있고, 건물의 특징을 잘 연출해 낼 수 있다. 옥외조명의 설계가 잘못 계획되거나 실행되면 그 주변지역을 황폐하게 하고 불쾌감을 주게 된다. 옥외 조명은 낮 동안 눈에 거슬리지 않도록 보통 초록색을 칠하는데, 눈에 잘 띄는 기구를 선택할 때에는 건물의 건축적 구조와 조화되도록 하여야 한다.

**표 3-10 외부조명의 권장 휘도비율**

| 조명효과 | 휘도 비율 |
|---|---|
| 최소대비를 통한 주변과의 적절한 명암조화 | 1 : 2 |
| 가벼운 악센트 | 1 : 3 |
| 적절한 악센트 | 1 : 5 |
| 강한 악센트 | 1 : 10 |

그림 3-89 외부조명

(1) 정원 조명

정원 조명은 무대 조명과 스타일 면에서 매우 흡사하다. 정원 조명은 따뜻한 밤에 산책을 즐기거나 옥외 파티를 열 때 호화로운 분위기를 조성할 때 사용된다.

정원 조명은 일률적인 것을 피하고 강조의 느낌을 주는 조명계획을 하는 것이 좋다. 이러한 방법은 정원의 매력이 덜한 부분의 조명을 억제시키면서 화단, 나무, 수영장 등의 건축 구조적 특징을 강조하는 방법이다.

그림 3-90 정원조명

(2) 경관조명

■ 계획도시의 경관조명은 야간의 도시를 빛으로 장식하고 시민통행의 안전과 도시의 치안을 향상시켜 도시의 품위를 높여 줌으로써 도시 문화의 척도가 되며 최근에는 경제 성장을 이룬 선진국에서는 도시경관의 중요성에 대한 인식이 확산되는 추세이다.

■ 야간경관은 조명을 증가시킴으로써 도시를 밝게 하는 것뿐만 아니라 과잉

조명을 적당하고 적절하게 제어하고 필요조명을 적재적소에 배치해야 된다. 이에 필요한 경관조명의 효과를 살릴뿐만 아니라 에너지 절약이나 자연적 환경도 함께 배려하여야만 보다 매력적인 야간경관을 연출할 수 있다.

그림 3-91 도시의 야경

■ 조명은 어두운 환경에 있는 대상물을 밝게 비추고 생생하게 돋보이도록 시각적으로 강조, 쾌적화, 미화하여 도시의 야경을 한차원 끌어 올려 신선함을 느끼게한다. 또한 시민들에게는 도시의 야경을 아름답게 느끼고 생활의 질을 높이는 기능을 가지며 교량, 도로, 광장, 공원 등의 경관조명은 주간에는 눈에 띄지 않던 시설들이 야간에 경관조명과 함께 도시의 랜드마크에 의해 그 도시의 상징이 된다.

■ 경관조명 설계 단계

① 조명의 목적을 정한다. 그 목적을 나열하고 우선순위를 정한다(미적인 측면, 지역사회의 주체성, 안전성, 범죄예방, 광해, 경제성 등).

② 지역사회의 주제를 정한다. 원하는 조명의 스타일이 고전적인지, 현대적인지, 활동적인 조명인지, 차분한 조명인지 등을 정한다.

③ 조명기구의 조합을 결정한다(폴의 형태와 설치 높이, 조명기구의 구조 등).

④ 가시성을 고려해서 휘도 대비를 점검한다. 조명의 주된 초점과 그 주변 사이의 휘도 대비는 20 : 1 을 초과하면 안 된다.

⑤ 조명기구 휘도를 점검한다.

⑥ 조명설계의 가이드라인을 정한다(지역사회의 주제와 조명의 목적, 시각적 일관성을 제공하기 위해 설정된 조명기구의 종류, 그 설치방법과 글레어 제어방법 등).

조명디자인

■ 경관조명 설계시 고려사항

① 글레어

단순히 눈부심만을 일컫는 것이 아니라 빛과 조명에 의해 시각적으로 느끼는 불편함과 시각 능력의 저하를 모두 포함하며 근래에는 조명환경의 기준으로서 조도가 높은 것 보다는 글레어를 없애는 것이 더욱 효과적이라는 것이 입증되었다.

② 광해

주택내, 교통기관, 식물, 농작물, 곤충, 천문관측 등에 빛의 영향이 없는지를 고려하여야 한다.

③ 조명기구의 선택

기구의 설치장소가 수중인지, 지중인지 등을 파악하여 설치장소에 맞는 기구 보호 등급을 선정하여야 한다. 그리고 수목, 분수, 구조물 등의 높이, 폭 등에 따라 조사되는 빛의 빔각도를 달리 하여야 하므로 경관조명 설계시 등기구 배광을 점검하여 적정 위치에 등기구를 설치하여야 한다. 또한 유지관리의 편의성, 점 · 소등 시간조절 등 제어기능을 고려하여 조명기구를 선택하여야 한다.

**표 3-12 배광제어 형식에 따른 등기구 분류**

| 구분 | 세미 컷 오프형 (Semi-Cut-Off) | 컷 오프형 (Cut-Off) | 넌 컷 오프형 (Non-Cut-Off) |
|---|---|---|---|
| 특징 | - 컷오프형보다 광도의 제한을 다소 완화시킨 배광으로 비교적 주변이 밝은 도로에 적용<br>- 현재 도로조명에서 가장 많이 사용 | - 운전자에게 눈부심을 주지 않도록 엄격히 제한<br>- 고속도로 등 주변이 어둡고 밝은 조명이 필요한 곳에 적합<br>- 공사비 과다 | - 눈부심에 대한 고려를 적게 한 배광 |

(3) 도로의 조명

과거에는 도로조명의 기능이 안전과 보안을 위한 밝은 조명을 비추는 것으로 제한되었다. 그러나 오늘날은 많은 사람들이 편안한 조명환경을 요구한다. 상점가, 주거지역, 업무지역에 특별한 분위기를 연출하는 것이 필요하다.

■ 도로조명의 요건

① 노면의 전체적 밝음의 평균휘도가 적절한가?

② 노면의 밝음과 분포상태인 휘도분포가 적절한 균제도를 갖는가?

③ 시야 내의 조명기구 등의 글레어가 충분히 제한되고 있는가?

④ 조명기구의 배치, 배열 등에 의하여 전방도로의 선형이나 합류, 분기의 상태를 예지할 수 있는 적절한 유도성을 갖는가?

■ 좋은 도로조명

① 노면 평균휘도가 충분히 높아서 장애물을 실루엣으로 보이도록 한다. 수평면조도는 높으나 연직면 조도가 낮으므로 실루엣으로 보이는 것이 좋다. 어떤 경우라도 노면과 장애물(사람) 사이의 대비가 커져서 구분할 수 있도록 하는 것이 중요하다.

② 노면휘도의 균제도가 좋으며 시각이 좋아진다.

③ 눈부심이 적게 하여 시각을 좋게 하고, 불쾌감, 피로를 적게 한다.

④ 유도성을 높여서 도로의 진행방향, 굴곡상황, 위험 개소를 예고시켜 운전자에게 안전감을 준다.

그림 3-92 런더타워 브릿지

제 4 장

# 색채와 조명디자인 실습

# 4-1 색채계획 실습

## 4-1-1 색의 삼속성 특성 익히기

### 1) 색상환 만들기

포스터컬러(12색)를 혼색하여 먼셀의 색상환에 해당색을 만들어 연습지에 채색한 후 접착제(딱풀 등)를 발라 부착한다. 완성된 색상환을 통하여 각 색상의 느낌을 익히고, 색상간의 관계를 파악하도록 한다.

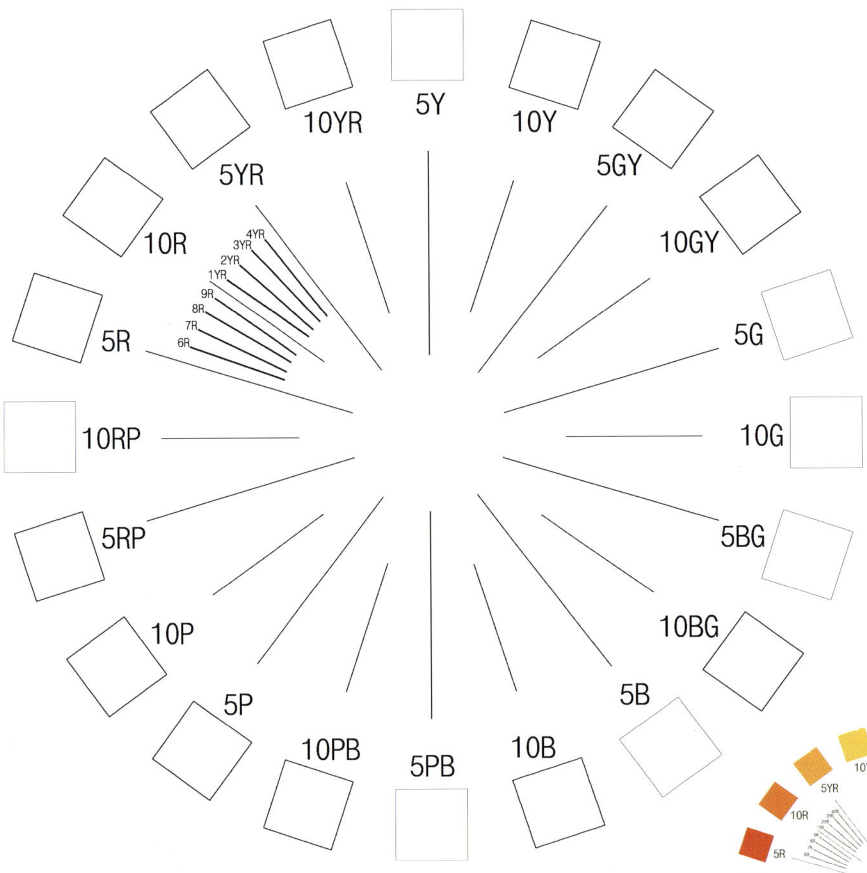


예제 2-1 먼셀의 20색상환

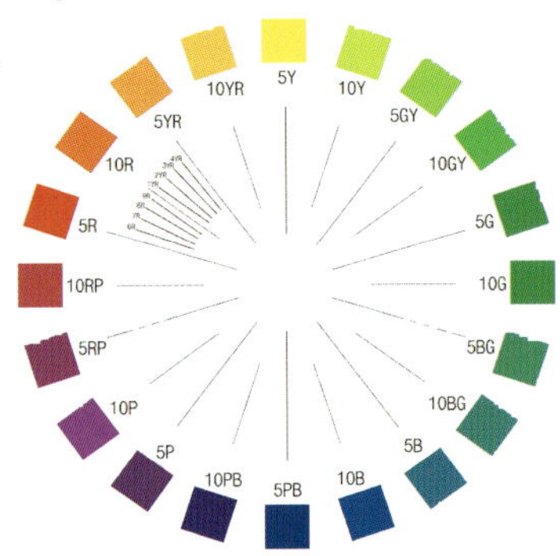


색채와 조명디자인 실습

### 2) 그레이 스케일 만들기

포스터컬러(12색)를 혼색하여 11단계의 그레이 스케일에 해당하는 명도단계를 만들어 연습지에 채색한 후 접착제(딱풀 등)를 발라 부착한다. 완성된 그레이 스케일을 통하여 각 단계별 명도의 느낌을 익히도록 한다.

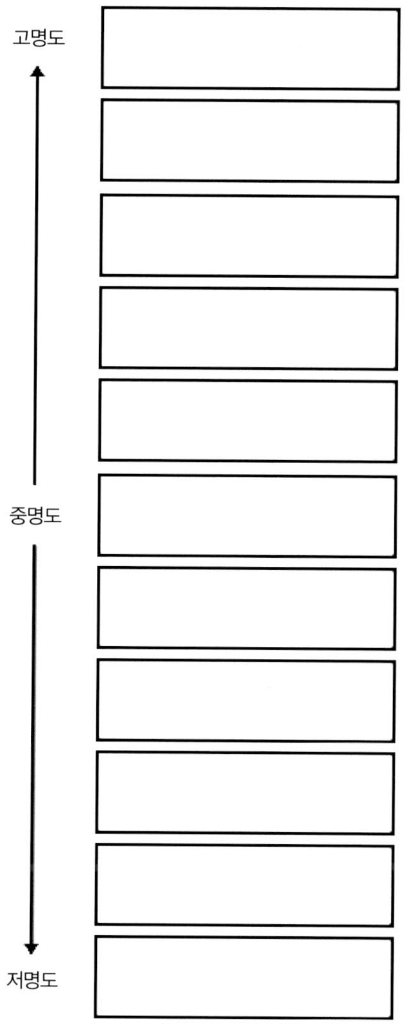

예제 2-2 그레이 스케일

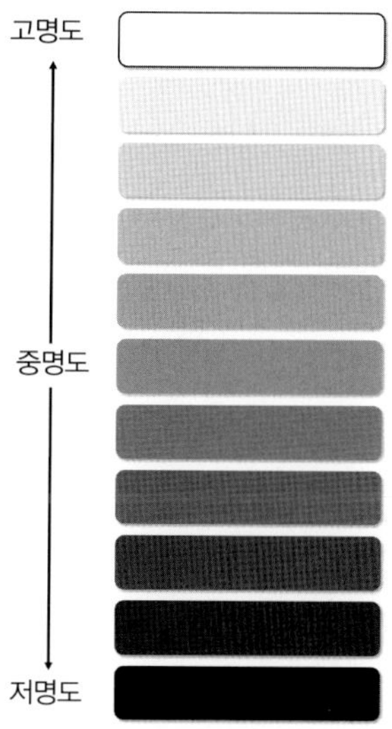

▲ 명도

### 3) 표준색표 만들기

포스터컬러(12색)를 혼색하여 색그림에 해당색을 만들어 연습지에 채색한 후 접착제(딱풀 등)를 발라 부착한다. 완성된 표준색표를 통하여 색의 삼속성(색상, 명도, 채도)간의 관계를 파악하도록 한다.

| | 무채색 | | 유채색 | | | | | | | | | |
|---|---|---|---|---|---|---|---|---|---|---|---|---|
| | 명도 | 명도단계 | 빨강 | 주황 | 노랑 | 연두 | 녹색 | 청록 | 파랑 | 남색 | 보라 | 자주 |
| 고명도 | 9/0 | N9 | 5R 9/2 | 5YR 8.5/2 | 5Y 9/3 | 5GY 9/2 | 5G 9/2 | 5BG 9/2 | 7B 9/3 | | 6P 9/2 | 5RP 4.5/3 |
| 고명도 | 8/0 | N8 | | 5YR 8/7 | 5Y 8/12 | 5GY 8.5/10 | | | | | | |
| 고명도 | 7.4/0 | N7.4 | | | | | 5G 7.5/6 | | 7B 7/7 | 5PB 7/7 | | |
| 고명도 | 6.8/0 | N6.8 | | | | 5GY 7/10 | | 5BG 7/6 | | | | 5RP 7/7 |
| 중명도 | 6/0 | N6 | 5R 6/10 | 5YR 6.5/14 | | | | | | | 6P 6/1 | |
| 중명도 | 5/0 | N5 | | | | | 5G 5/9 | | | 9PB 5.5/11 | | |
| 중명도 | 4.4/0 | N4.4 | 5R 4.5/14 | | | | | 5BG 4.5/8 | | | | |
| 저명도 | 3.8/0 | N3.8 | | | 5Y 4/3 | 5GY 4.5/3 | | | 7B 4/8 | | 6P 4/11 | 5RP 4/11 |
| 저명도 | 3/0 | N3 | 5R 3/4 | 5YR 3.5/3 | | | 5G 3/3 | 5BG 3/2 | | 5PB 3.5/11 | | |
| 저명도 | 2.5/0 | N2.5 | | | | | | | 7B 2.5/2 | 9PB 2.5/5 | 6P 2.5/3 | 5RP 2.5/6 |
| | 탁색 | | 5R 4.5/2 | 5YR 5/3 | 5Y 7/3 | 5GY 6/3 | 5G 4.5/3 | 5BG 5/3 | 7B 4.5/3 | 9PB 4/3 | 6P 4.5/3 | 5RP 4.5/3 |
| | 온도 감각의 구분 | | ←따뜻한 색→ | | | ←중성색→ | | ←차가운 색→ | | | ←중성색→ | |

예제 2-3 표준색표

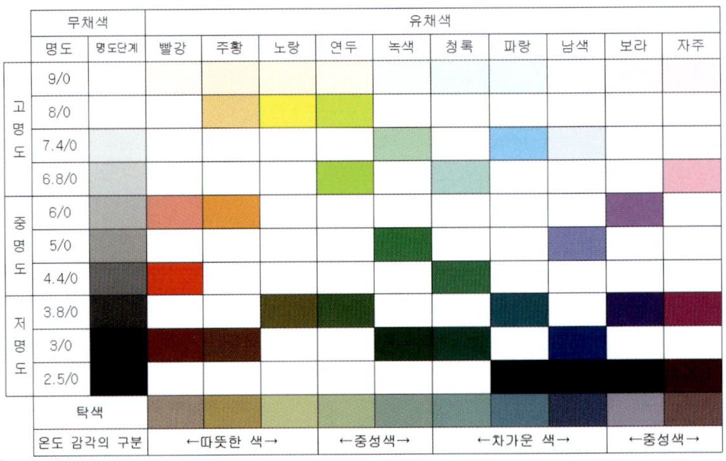

### 4-1-2 색의 대비 특성 익히기

#### 1) 색상대비 익히기

포스터컬러(12색)를 혼색하여 해당색을 만들어 연습지에 채색한 후 접착제(딱풀 등)를 발라 부착한다. 완성된 예제를 통하여 색상대비의 특성을 파악하도록 한다.

예제 2-4의 빨강 위의 주황은 노랑기운을 띤다. 이는 빨강에 둘러싸인 주황은 빨강의 심리보색(색상환의 반대쪽에 있는 색)인 청록의 방향으로 다소 치우친 색조를 느낄 수  있어 약간 노랑기미를 띠는 것이다.

예제 2-4의 노랑 위의 주황은 빨강기운을 띤다. 이는 노랑에 둘러싸인 주황은 노랑의 심리보색인 남색의 방향으로 다소 치우친 색조를 느낄 수 있어 약간 빨강기미를 띠는 것이다.

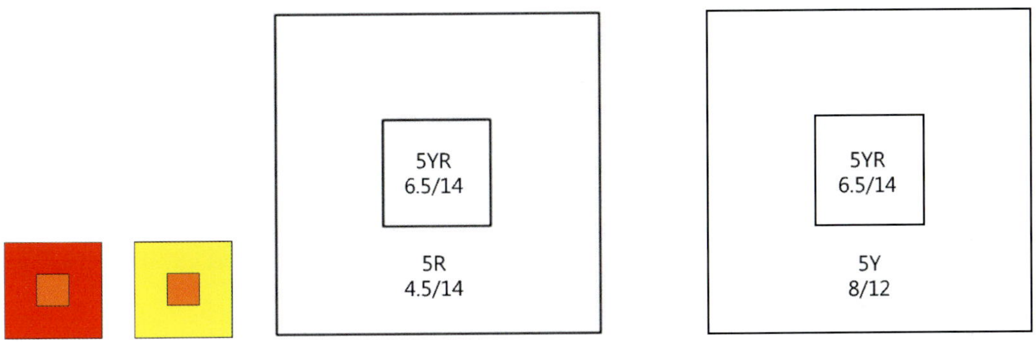


예제 2-4  빨강 위의 주황/노랑 위의 주황

#### 2) 명도대비 익히기

포스터컬러(12색)를 혼색하여 해당색을 만들어 연습지에 채색한 후 접착제(딱풀  등)를 발라 부착한다. 완성된 예제를 통하여 명도대비의 특성을 파악하도록

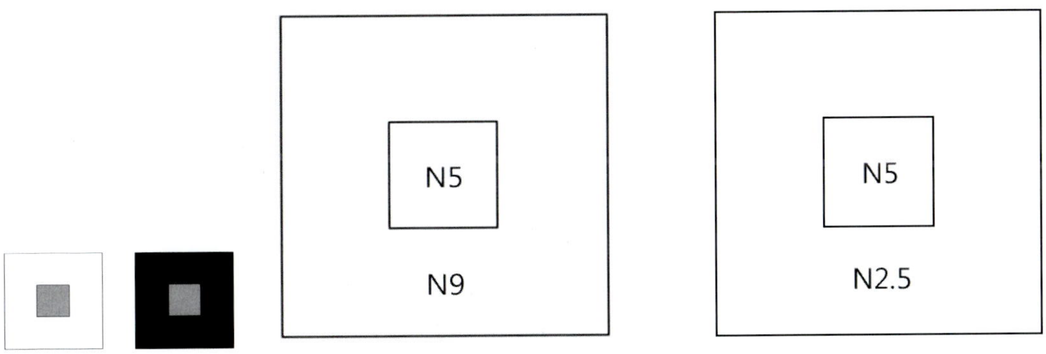


예제 2-5  검정 위의 회색/흰색 위의 회색

한다.

예제 2-5를 통하여 같은 회색이라도 배경이 밝으면 어둡게 보이고 배경이 어두우면 밝게 보인다는 사실을 알 수 있다.

### 3) 채도대비 익히기

포스터컬러(12색)를 혼색하여 해당색을 만들어 연습지에 채색한 후 접착제(딱풀 등)를 발라 부착한다. 완성된 예제를 통하여 채도대비의 특성을 파악하도록 한다.

예제 2-6을 통하여 주위에 채도가 높은 색이 있으면 그 가운데 색은 채도가 낮아  보이고 주위에 채도가 낮은 색이 있으면 그 가운데 색은 채도가 높아 보인다는 사실을 알 수 있다.

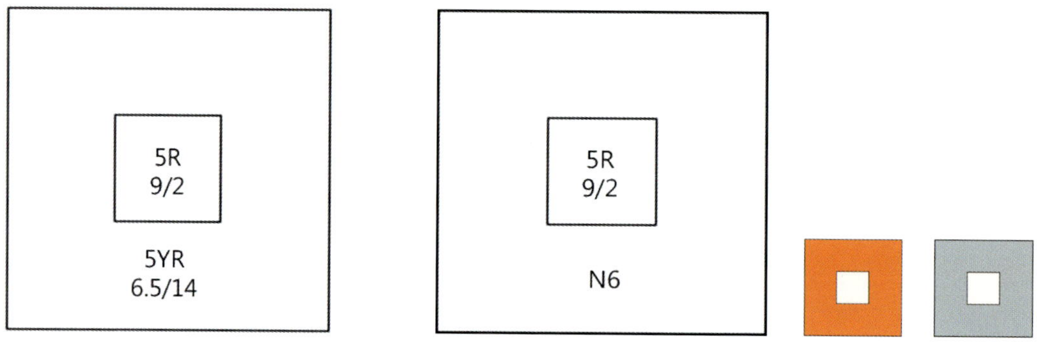


예제 2-6  주황 위의 연한 빨강/회색 위의 연한 빨강

### 4) 연변대비 익히기

포스터컬러(12색)를 혼색하여 해당색을 만들어 연습지에 채색한 후 접착제(딱풀 등)를 발라 부착한다. 완성된 예제를 통하여 연변대비의 특성을 파악하도록 한다.

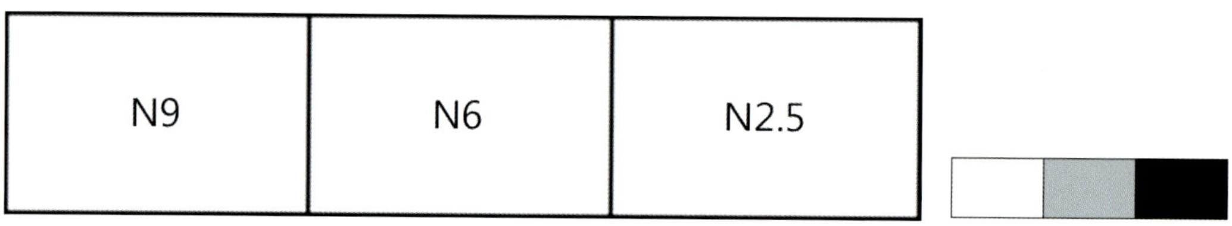


예제 2-7  흰색-회색-검정의 배열

예제 2-7을 통하여 흰색과 회색이 접한 변이 검정과 회색이 접한 변보다 진하게 보인다는 사실을 알 수 있다.

#### 5) 면적대비 익히기

포스터컬러(12색)를 혼색하여 해당색을 만들어 연습지에 채색한 후 접착제(딱풀 등)를 발라 부착한다. 완성된 예제를 통하여 면적대비의 특성을 파악하도록 한다.

예제 2-8을 통하여 같은 면적이라도 분할한 것과 집합한 것 중 집합한 것이 면적이 더 넓게 보인다는 사실을 알 수 있다.

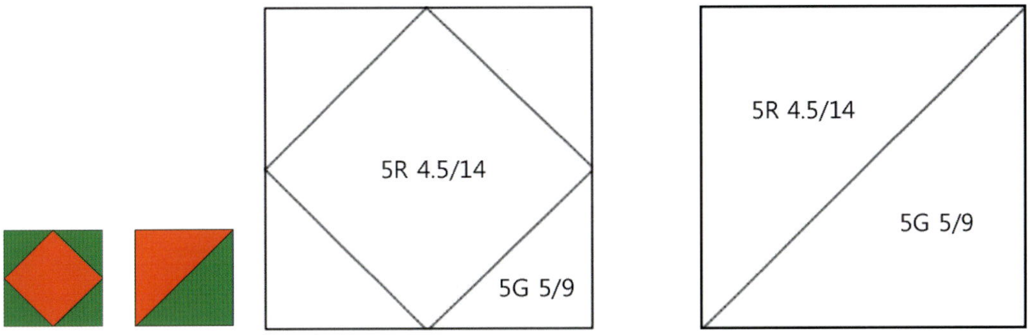

예제 2-8 면적대비

#### 6) 보색대비 익히기

포스터컬러(12색)를 혼색하여 해당색을 만들어 연습지에 채색한 후 접착제(딱풀 등)를 발라 부착한다. 완성된 예제를 통하여 보색대비의 특성을 파악하도록 한다.

예제 2-9를 통하여 빨강 위의 회색은 녹색기미를 띤다고 느끼고 녹색 위의 회색은 빨강기미를 띤다고 느낀다. 이는 배경색의 보색이 회색에 중첩되어 보이기 때문이다.

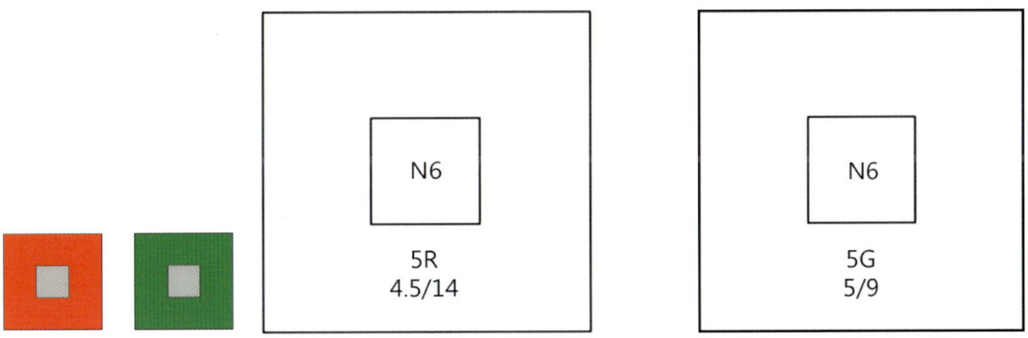

예제 2-9 보색대비

### 4-1-3 색의 배색 특성 익히기

#### 1) 색배색 연습

포스터컬러(12색)를 혼색하여 해당색을 만들어 연습지에 채색한 후 접착제(딱풀 등)를 발라 부착한다. 완성된 예제를 통하여 색상배색의 특성을 파악하도록 하고, 예제 이외에도 다양한 색상배색을 연습하도록 하자.

예제 2-10 동일색상 배색

예제 2-11 유사색상 배색

예제 2-12 난색의 배색

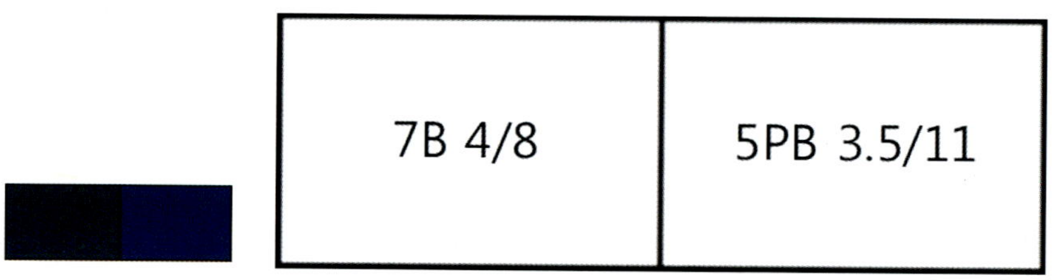


예제 2-13 한색의 배색

| 5GY 7/10 | 5G 5/9 |
|---|---|

예제 2-14 중성색의 배색

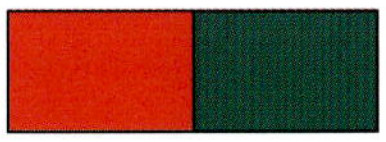

| 5R 4.5/14 | 5BG 4.5/8 |
|---|---|

예제 2-15 보색의 배색

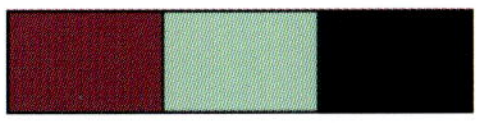

| 5RP 4/11 | 5G 7.5/6 | 9PB 2.5/5 |
|---|---|---|

예제 2-16 3색의 배색

<table>
<tr><td>5R<br>4.5/14</td><td>10R<br>5.5/12</td><td>5YR<br>6.5/14</td><td>5Y<br>8/12</td></tr>
<tr><td>7RP<br>5/13</td><td colspan="2" rowspan="2">5GY<br>6/3</td><td>5GY<br>7/10</td></tr>
<tr><td>5RP<br>4/11</td><td>5G<br>5/9</td></tr>
<tr><td>6P<br>4/11</td><td>5PB<br>3.5/11</td><td>7B<br>4/8</td><td>5BG<br>4.5/8</td></tr>
</table>

예제 2-17 다색의 배색

#### 2) 명도배색 연습

포스터컬러(12색)를 혼색하여 해당색을 만들어 연습지에 채색한 후 접착제(딱풀 등)를 발라 부착한다. 완성된 예제를 통하여 명도배색의 특성을 파악하도록 하고, 예제 이 외에도 다양한 명도배색을 연습하도록 하자.

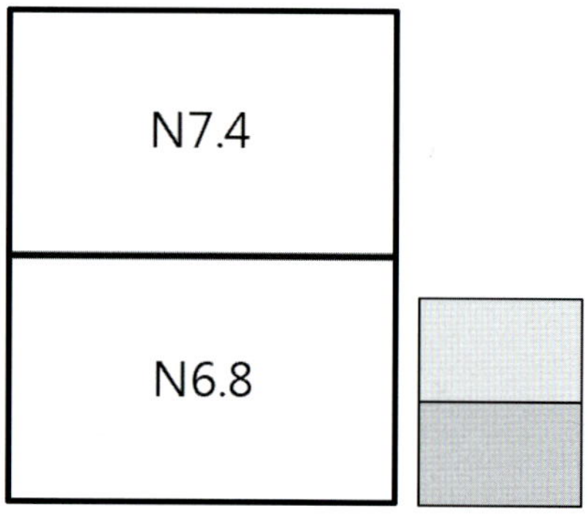

예제 2-18 고명도 배색

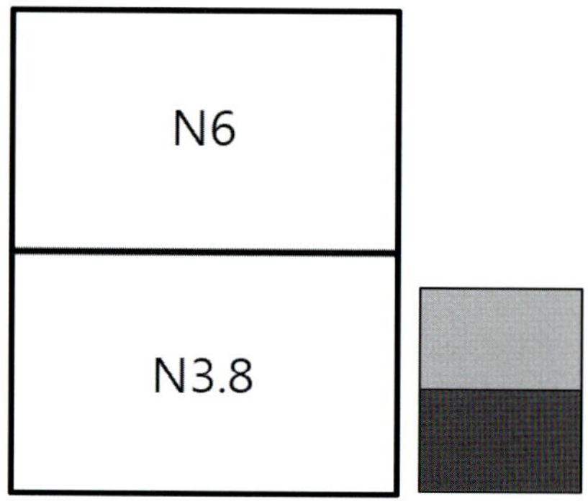

예제 2-19 중명도 배색

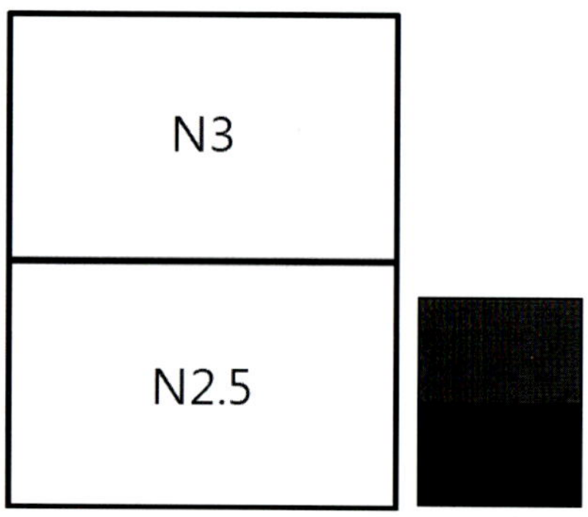

예제 2-20 저명도 배색

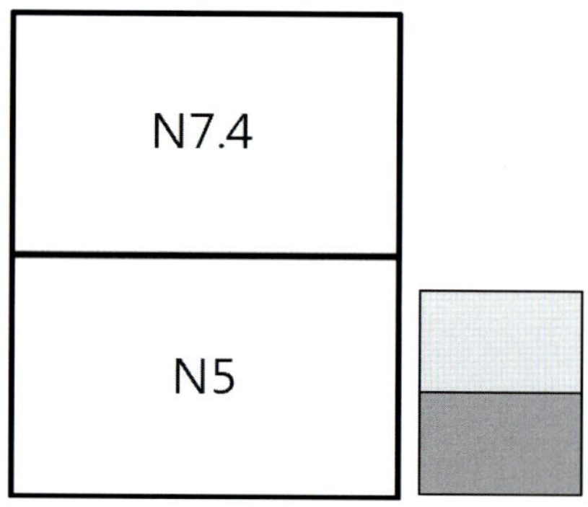

예제 2-21 유사명도 배색

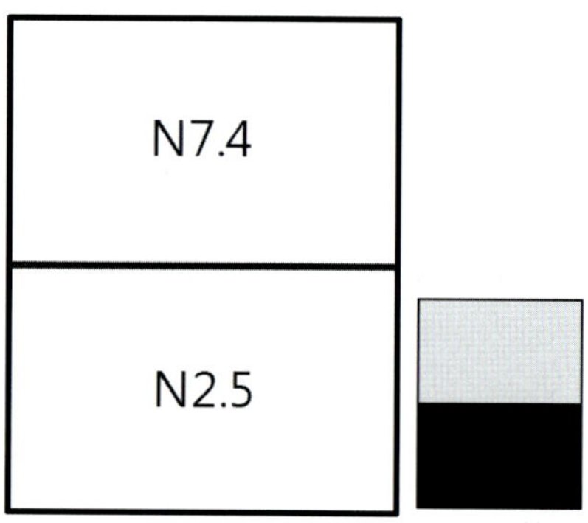

예제 2-22 대조명도 배색

#### 3) 채도배색 연습

포스터컬러(12색)를 혼색하여 해당색을 만들어 연습지에 채색한 후 접착제(딱풀 등)를 발라 부착한다. 완성된 예제를 통하여 채도배색의 특성을 파악하도록 하고, 예제 이 외에도 다양한 채도배색을 연습하도록 하자.

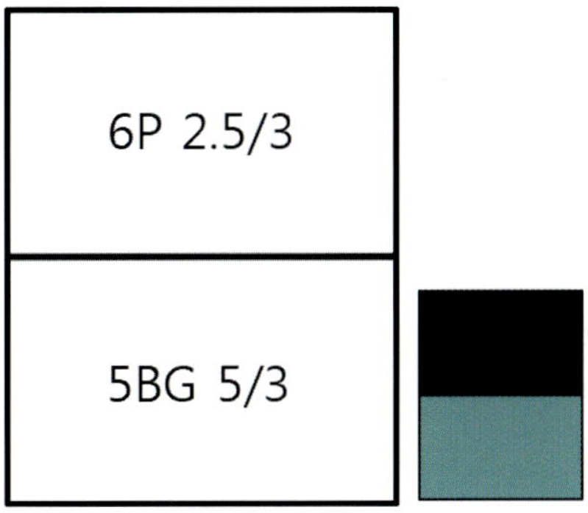

예제 2-23 저채도 배색

예제 2-24 중채도 배색

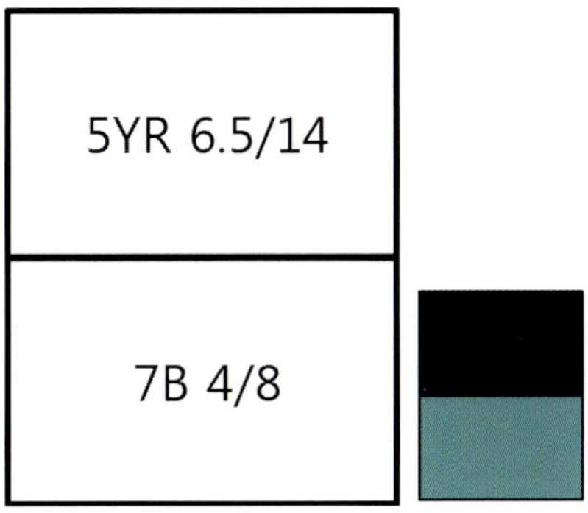

예제 2-25 고채도 배색

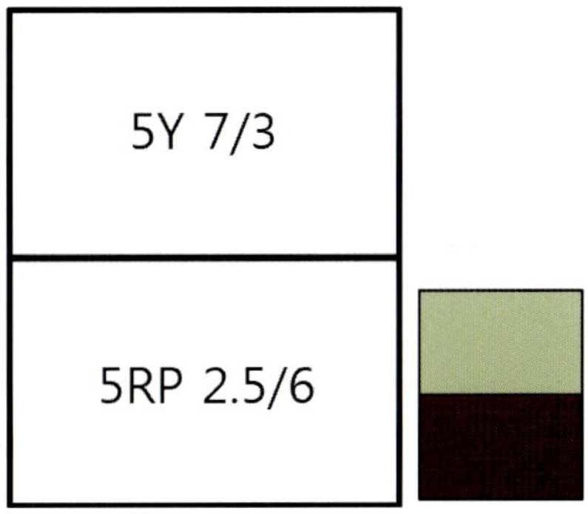

예제 2-26 저채도와 중채도의 배색

예제 2-27 중채도와 고채도의 배색

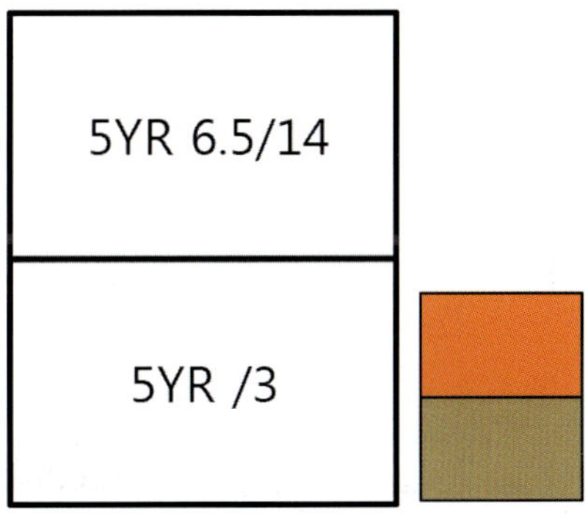

예제 2-28 저채도와 고채도의 배색

#### 4) 계절 배색 연습

포스터컬러(12색)를 혼색하여 해당색을 만들어 연습지에 채색한 후 접착제(딱풀 등)를 발라 부착한다. 완성된 예제를 통하여 사계절의 색채조화의 특성을 파악하도록 하고, 예제 이 외에도 다양한 분위기의 배색을 연습하도록 하자.

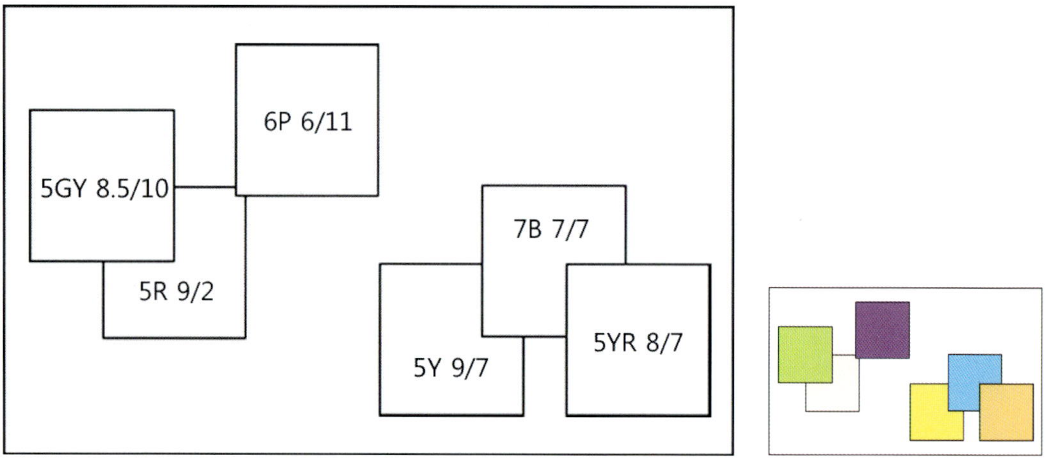


예제 2-29 봄의 배색

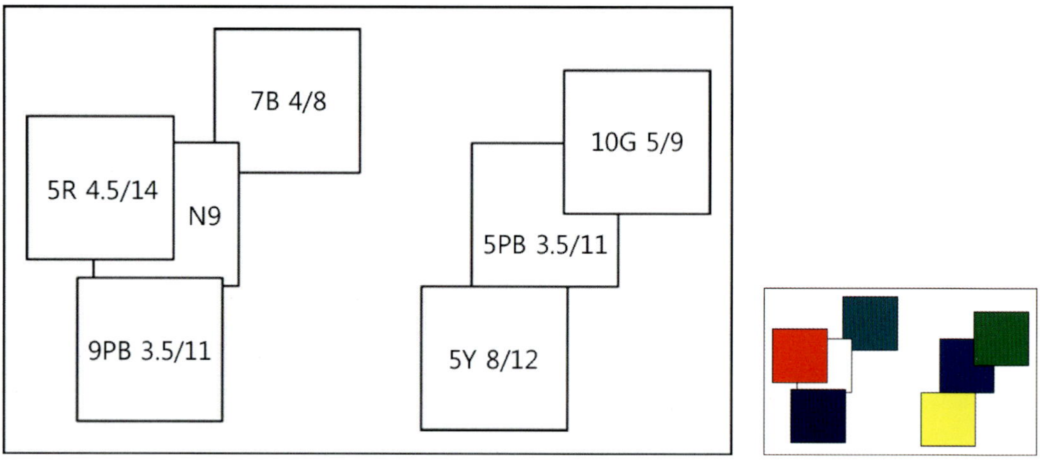


예제 2-30 여름의 배색

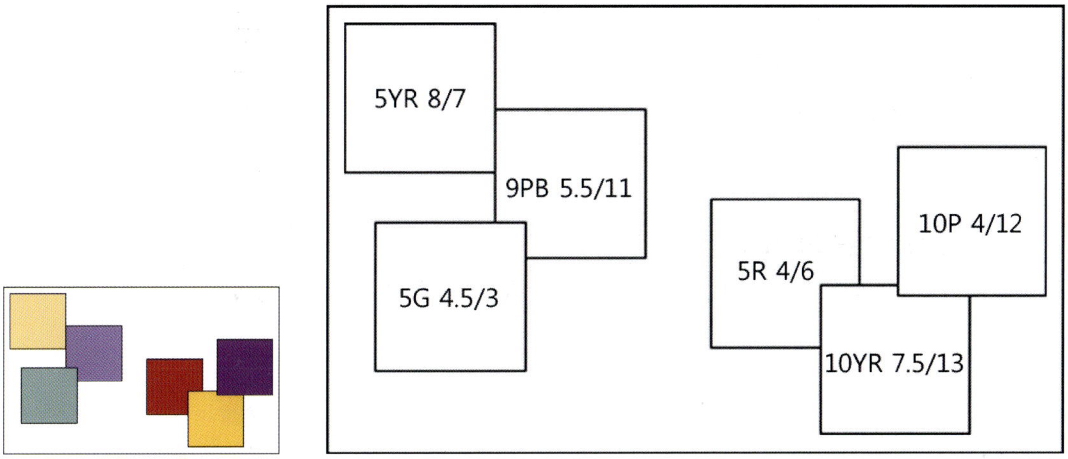


예제 2-31 가을의 배색

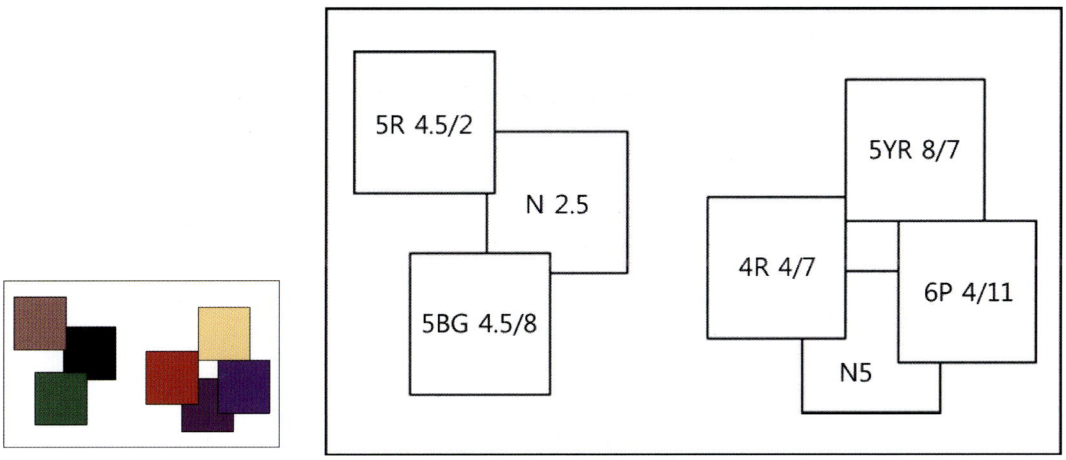


예제 2-32 겨울의 배색

# 4-2 컬러 지각 테스트

### 4-2-1 5R(빨강)

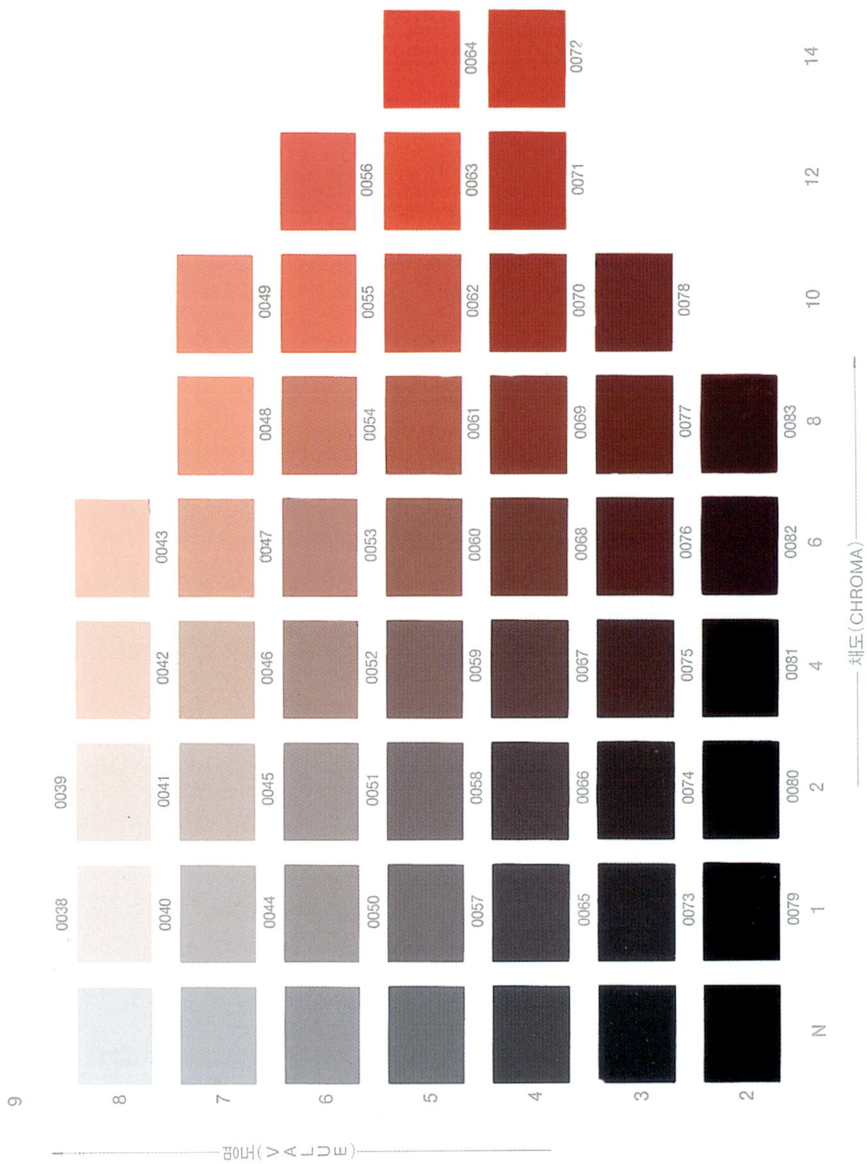


제시한 색표에서 5R을 찾으시오.

## 4-2-2 5YR(주황)

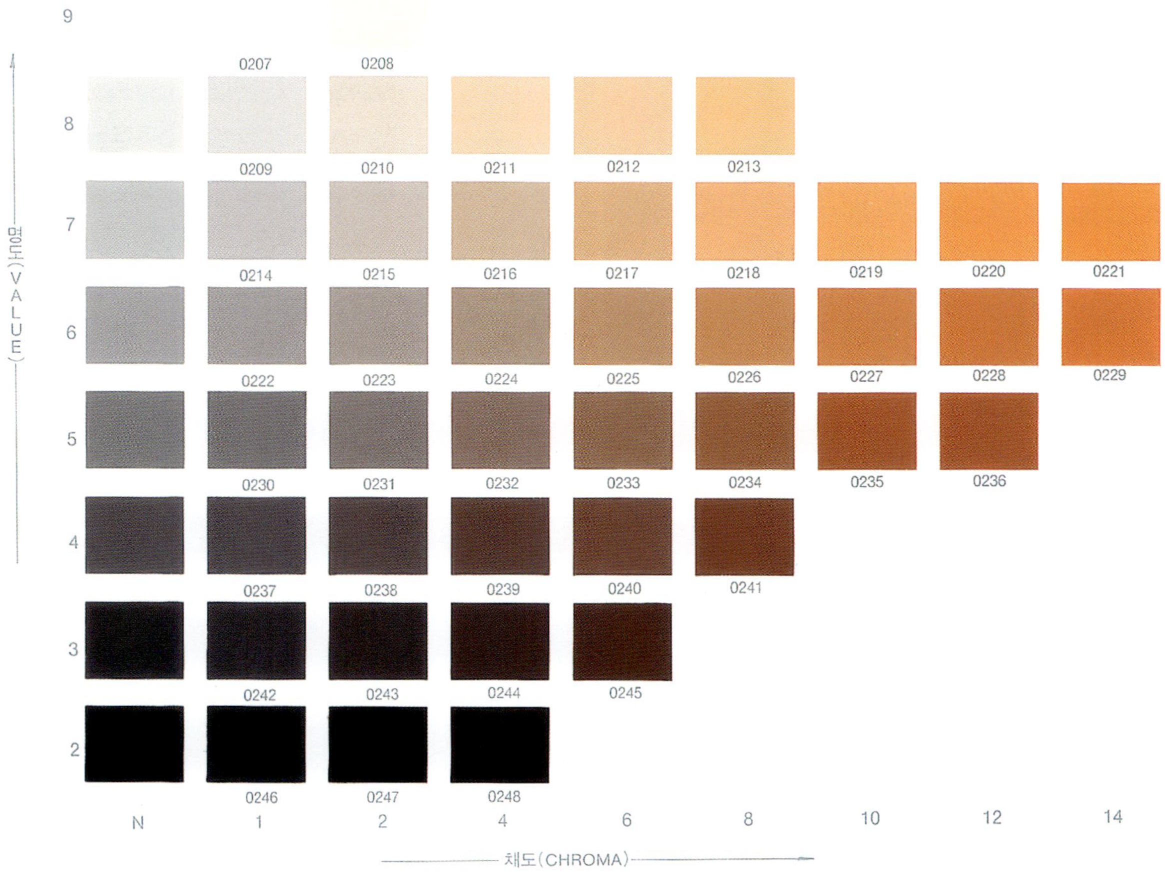


제시한 색표에서 5YR을 찾으시오.

## 4-2-3 5Y(노랑)

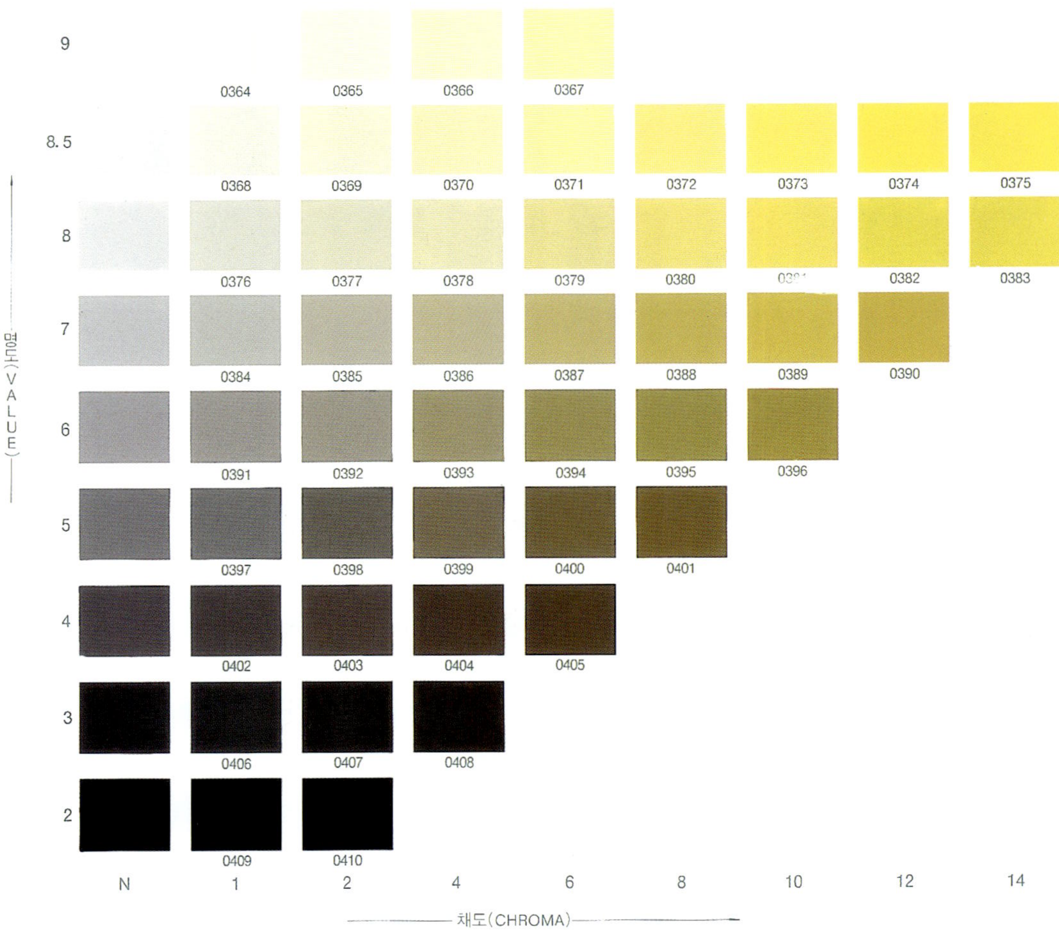


제시한 색표에서 5Y를 찾으시오.

## 4-2-4 5GY(연두)

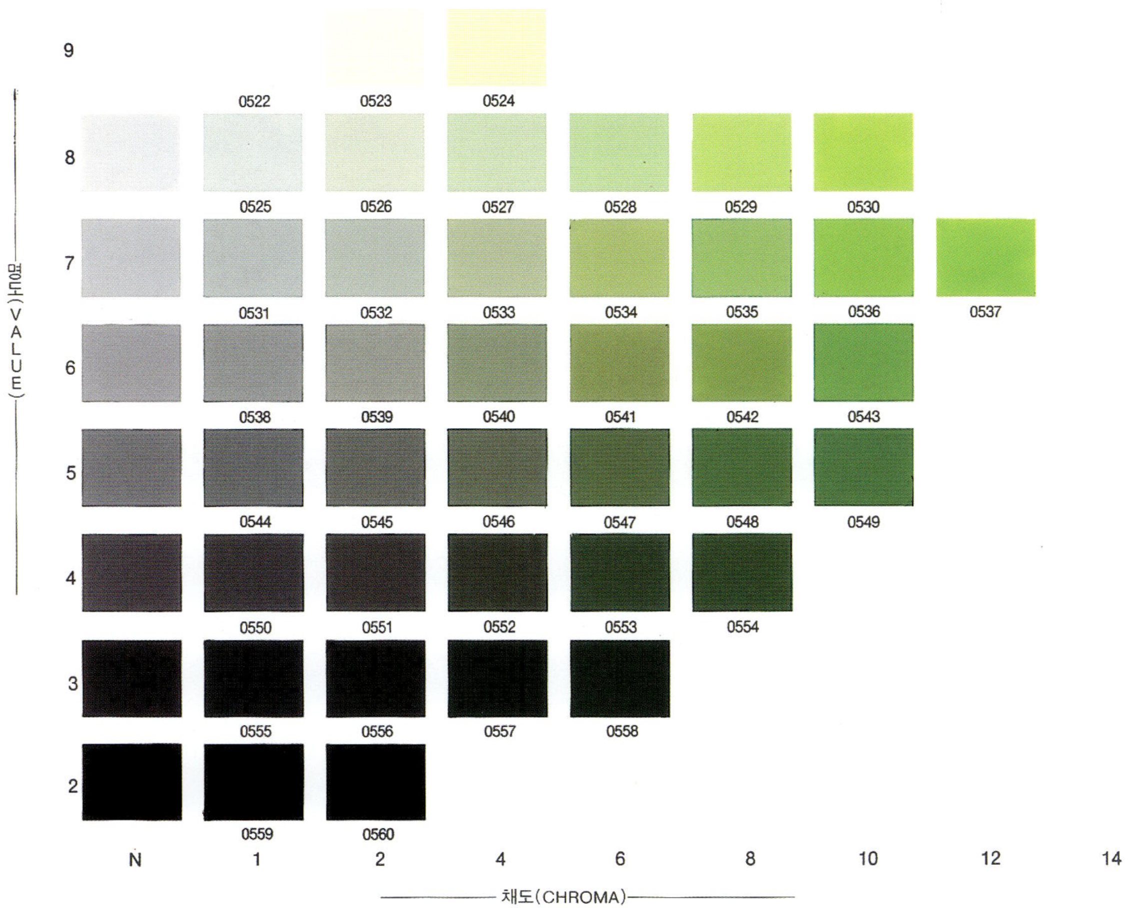


제시한 색표에서 5GY를 찾으시오.

## 4-2-5 5G(녹색)

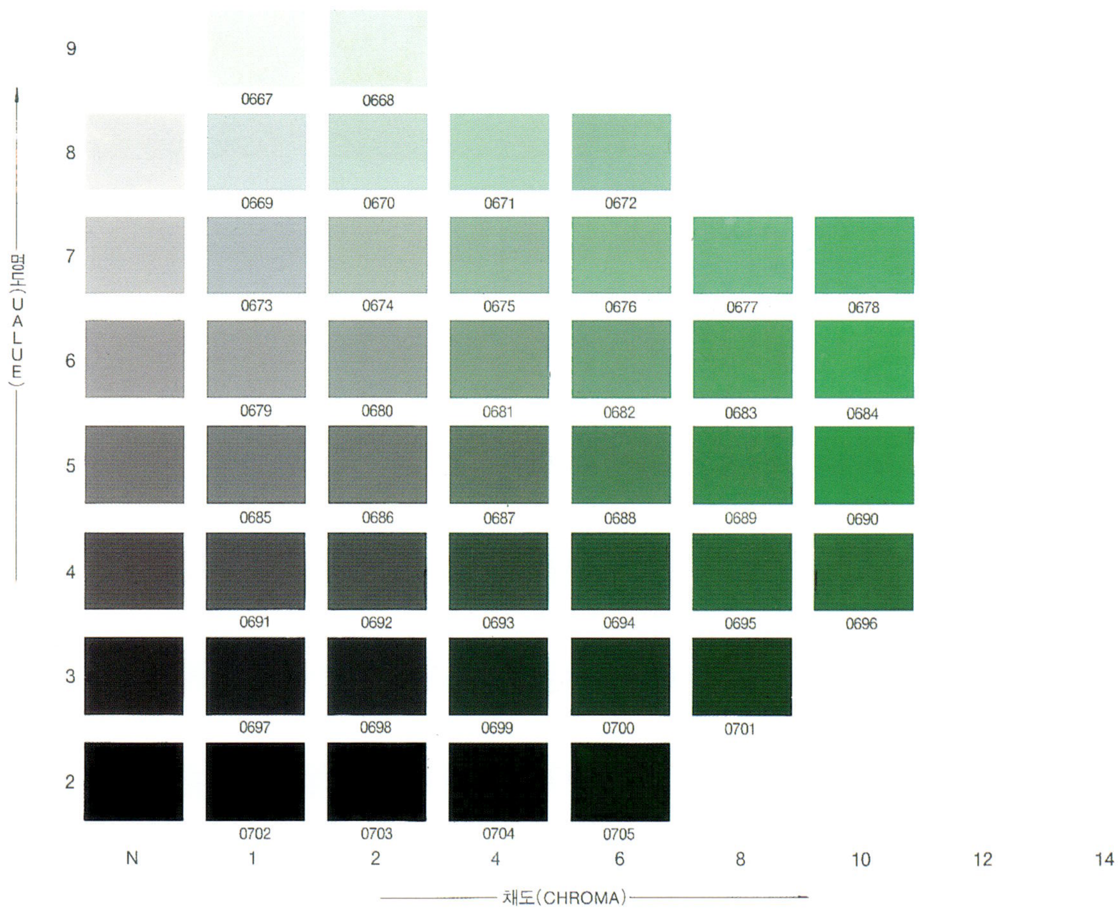


제시한 색표에서 5G를 찾으시오.

## 4-2-6 5BG(청록)

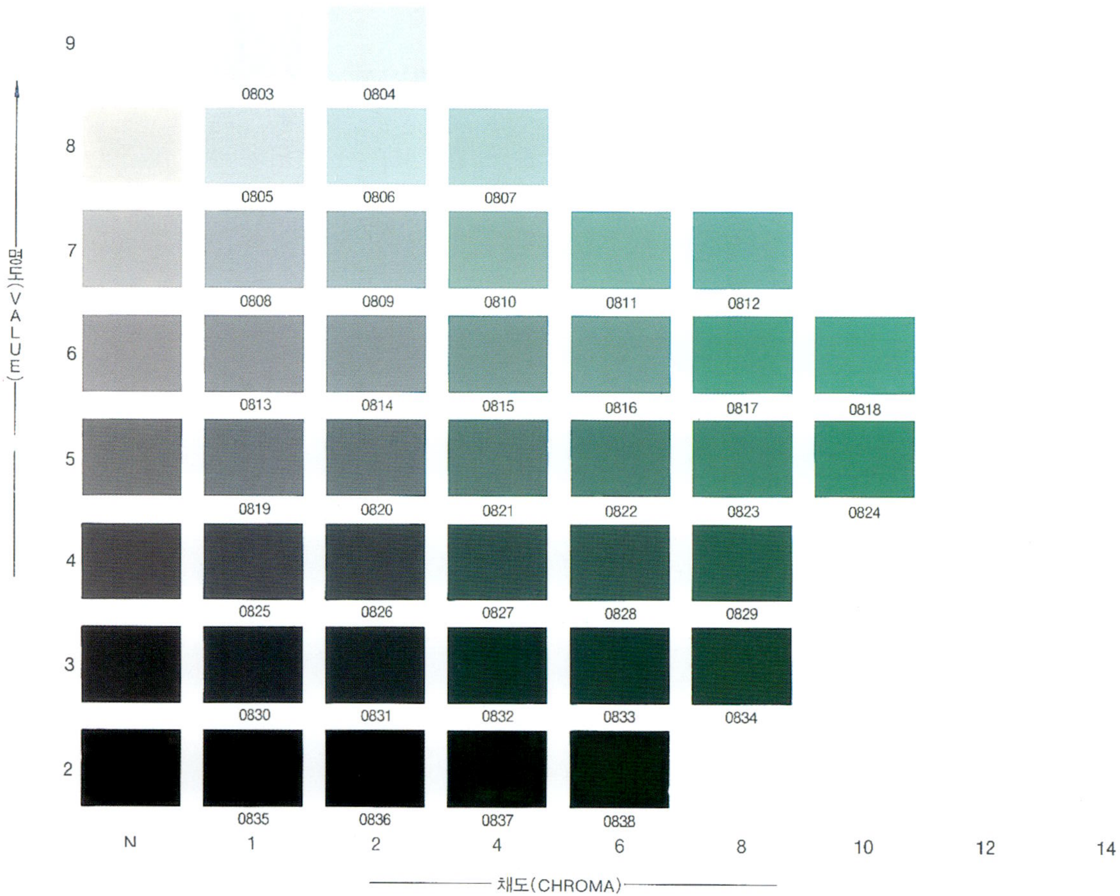


제시한 색표에서 5BG를 찾으시오.

## 4-2-7 5B(파랑)

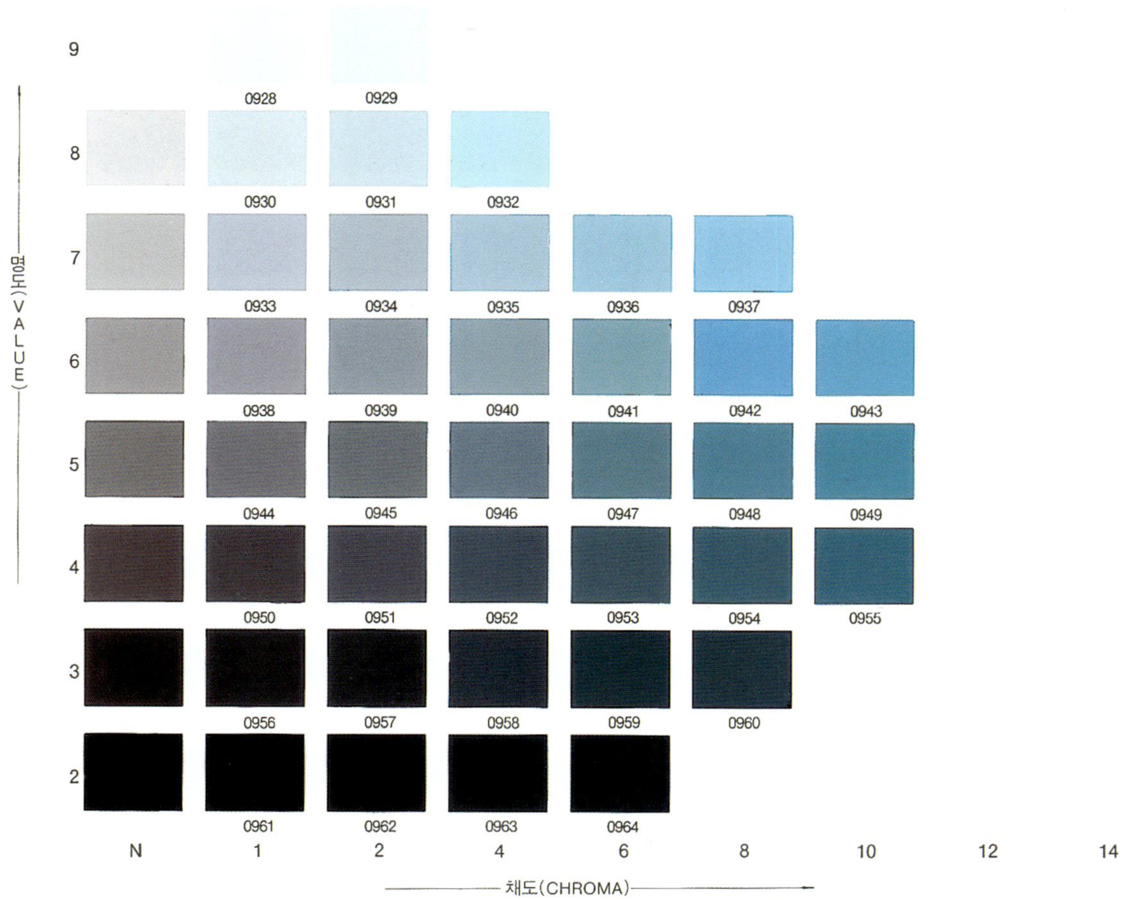


제시한 색표에서 5B를 찾으시오.

## 4-2-8 5PB(남색)

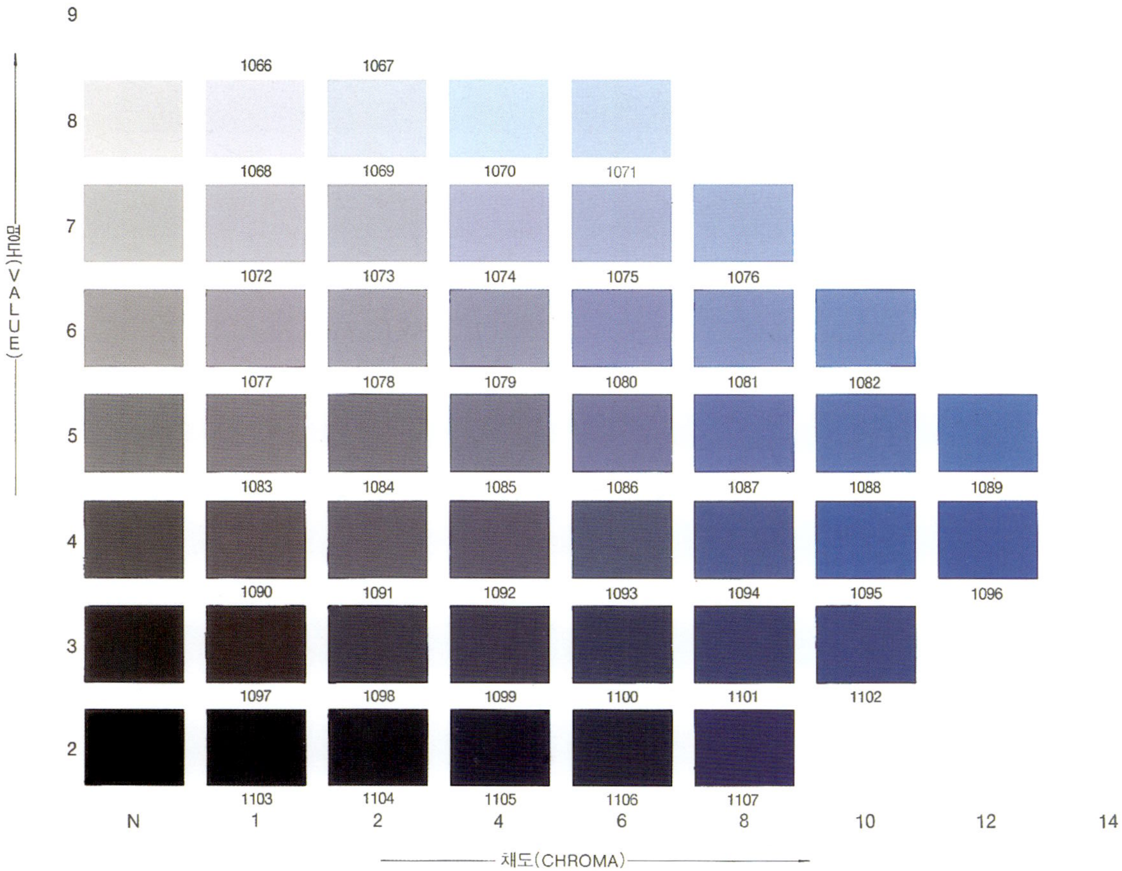


제시한 색표에서 5PB를 찾으시오.

## 4-2-9 5P(보라)

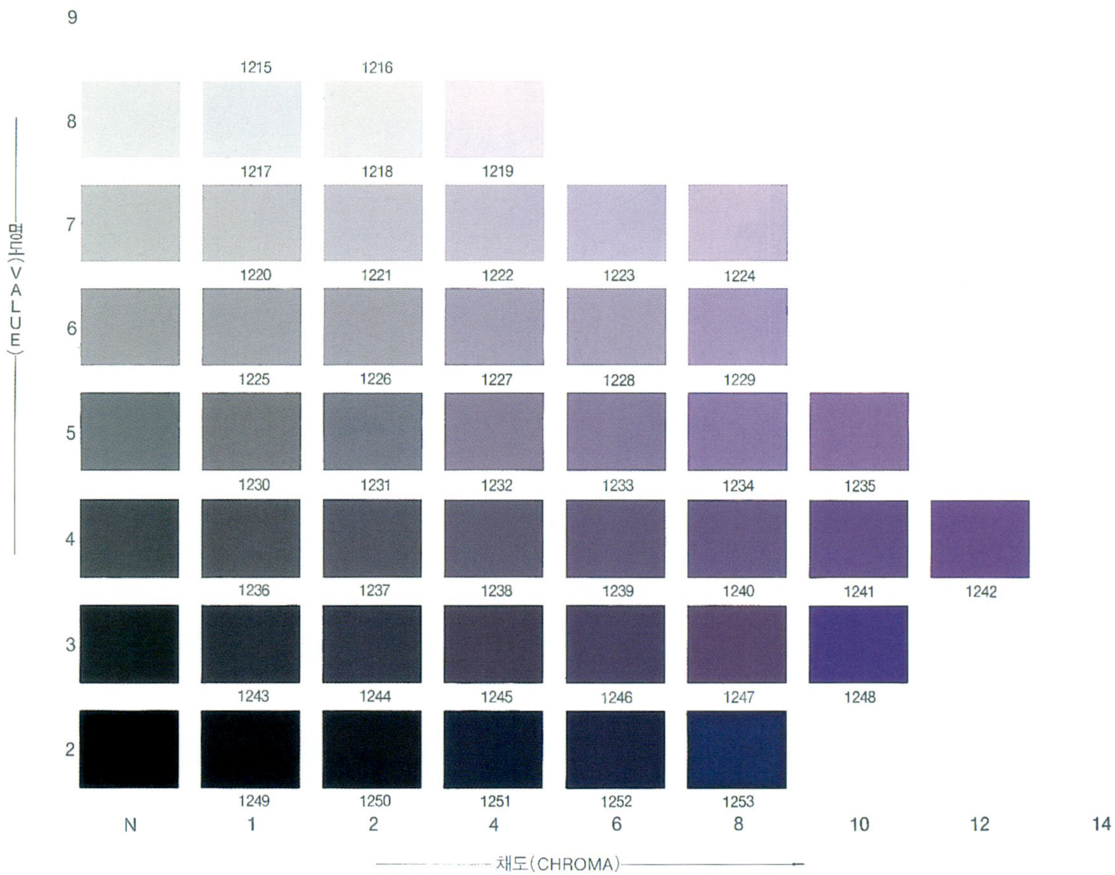


제시한 색표에서 5P를 찾으시오.

## 4-2-10 5RP(자주)

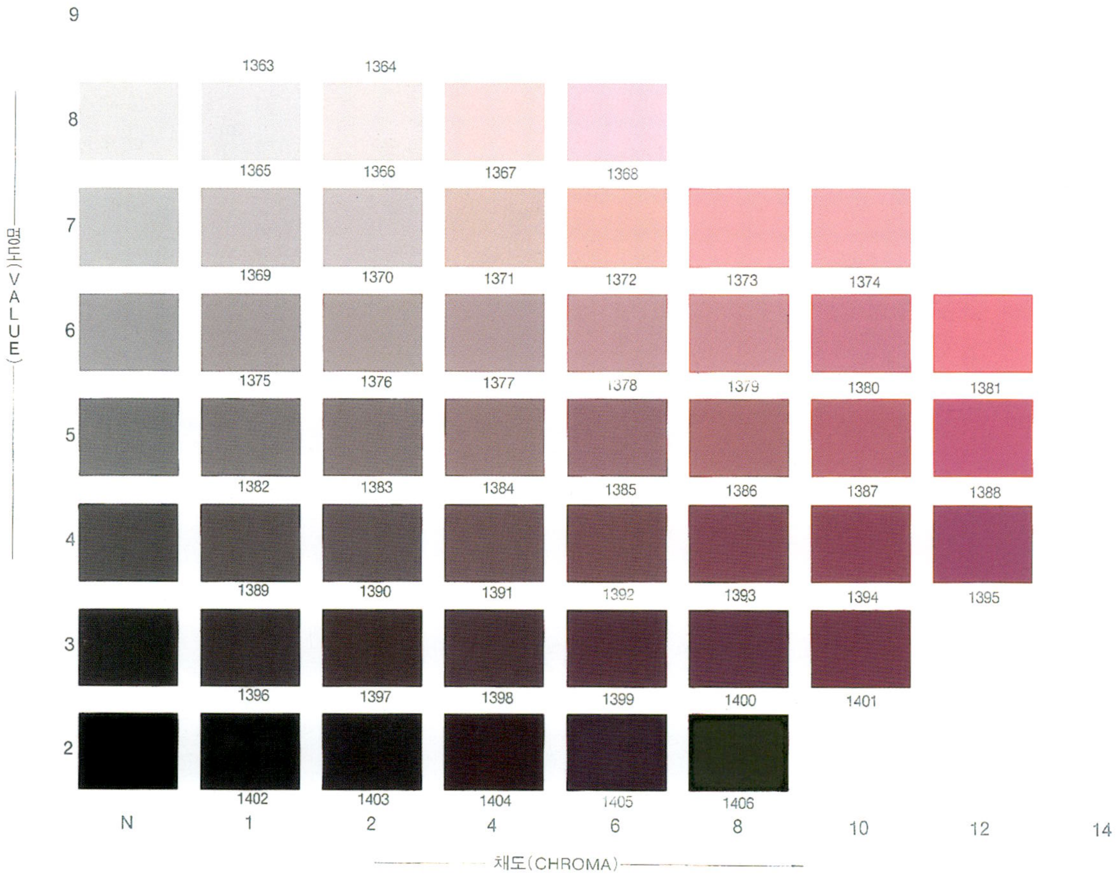


제시한 색표에서 5RP를 찾으시오.

## 답지

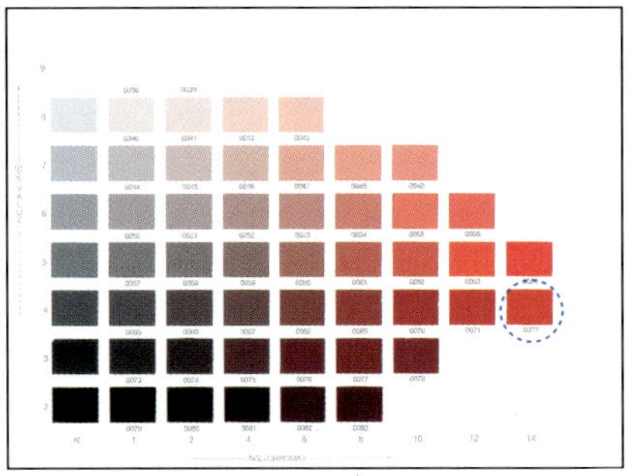
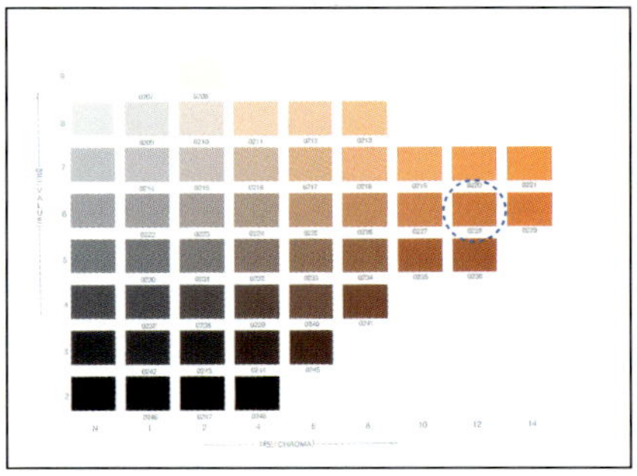
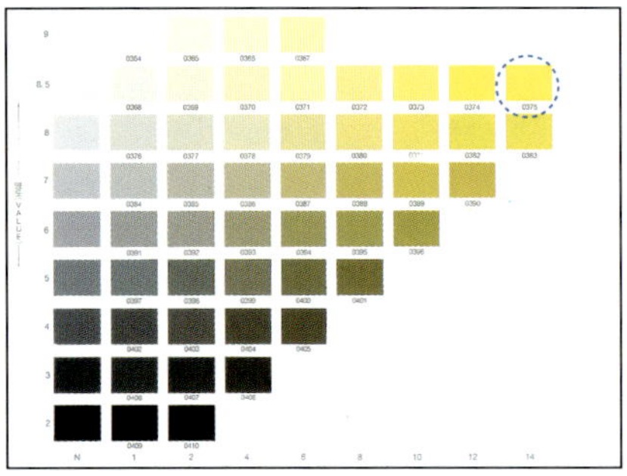
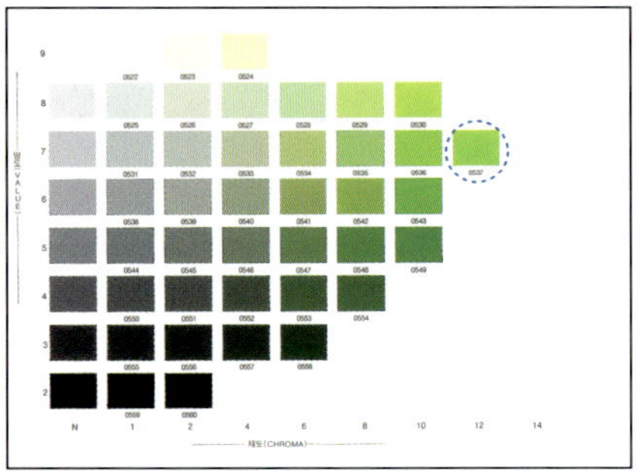
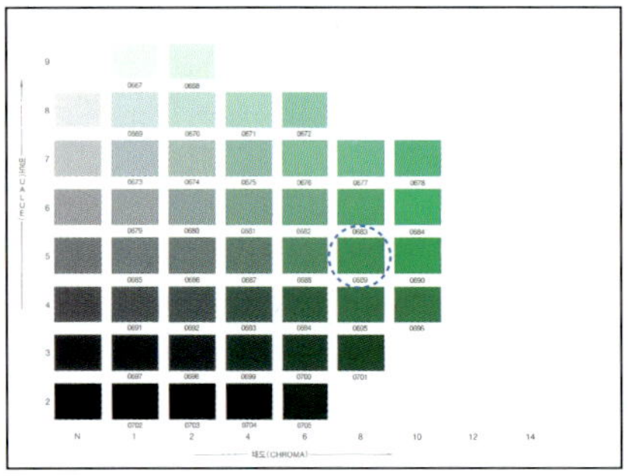
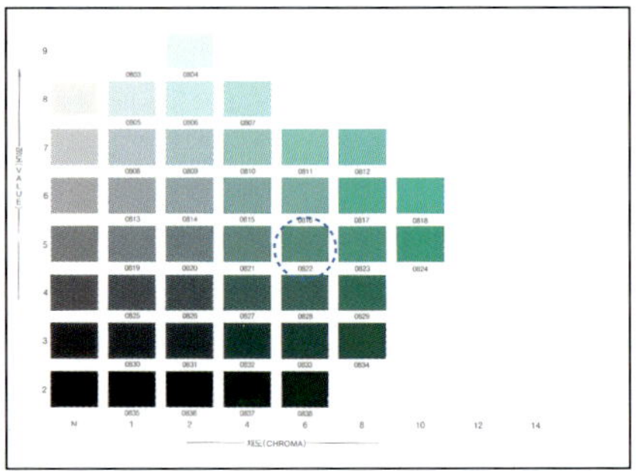
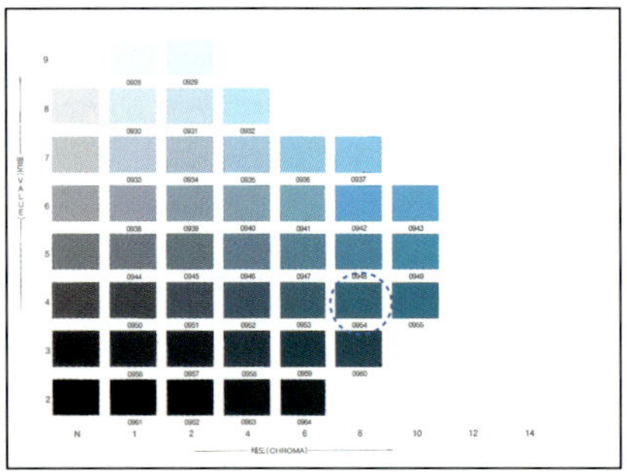
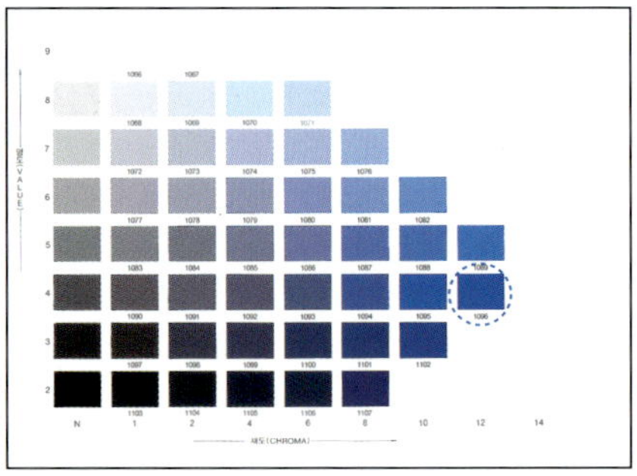
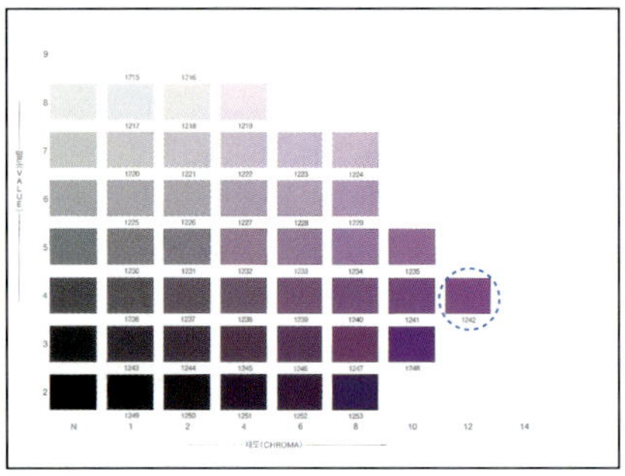
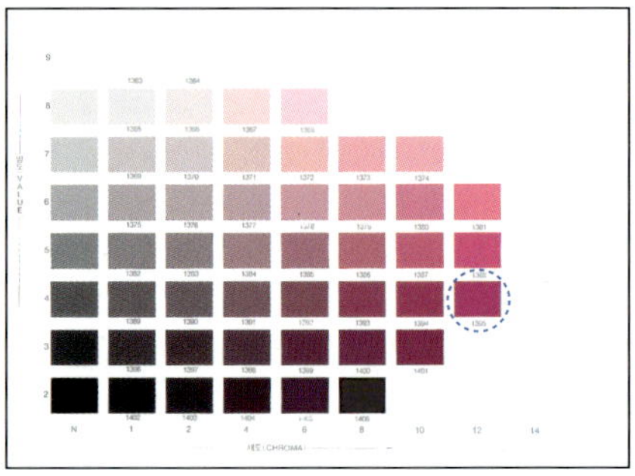

# 4-3 명화의 색채분석 연습

### 4-3-1 앤디 워홀의 플라워

제시한 명화의 주조색, 보조색, 악센트색을 찾아 같은색으로 조색하고 이미지를 이 색들로 나타내시오.

앤디 워홀, 플라워, 1970

### 4-3-2 케이스 헤링의 무제

제시한 명화의 주조색, 보조색, 악센트색을 찾아 같은색으로 조색하고 이미지를 이 색들로 나타내시오.

케이스 헤링, 무제, 1986

### 4-3-3 앙리 마티스의 붉은 색 실내

제시한 명화의 주조색, 보조색, 악센트색을 찾아 같은색으로 조색하고 이미지를 이 색들로 나타내시오.

앙리 마티스, 붉은색 실내, 1948

### 4-3-4 라울 뒤피의 모델

제시한 명화의 주조색, 보조색, 악센트색을 찾아 같은색으로 조색하고 이미지를 이 색들로 나타내시오.

라울 뒤피, 모델, 1953

### 4-3-5 로제 비시에르의 황색과 회색

제시한 명화의 주조색, 보조색, 악센트색을 찾아 같은색으로 조색하고 이미지를 이 색들로 나타내시오.

로제 비시에르, 황색과 회색, 1950

### 4-3-6 죠르쥬 브라크의 앙리 2세실의 천장

제시한 명화의 주조색, 보조색, 악센트색을 찾아 같은색으로 조색하고 이미지를 이 색들로 나타내시오.

죠르쥬 브라크, 앙리 2세실의 천장, 1949~1951

### 4-3-7 파블로 피카소의 한국전의 대학살

제시한 명화의 주조색, 보조색, 악센트색을 찾아 같은색으로 조색하고 이미지를 이 색들로 나타내시오.

파블로 피카소, 한국전의 대학살, 1951

### 4-3-8 마르크 샤갈의 결혼

제시한 명화의 주조색, 보조색, 악센트색을 찾아 같은색으로 조색하고 이미지를 이 색들로 나타내시오.

마르크 샤갈, 결혼, 1918

# 4-4 조명기구디자인 실습

조명의 기초지식과 조명디자인의 흐름을 분석하고 기능과 소재에 따른 조명디자인 전개 및 제작능력을 배양하는 것을 목적으로 조명기구 디자인을 실시한다.

컨셉(concept), 재료, 크기, 스케치를 표현하여 어떤 방법으로 제작이 가능할지 모델링을 해 본 다음, 본 제작에 들어간다. 완성된 작품은 처음의 이미지와 제작의도, 제작방법과 순서, 연출효과 등을 표현하여 프레젠테이션한다. Y대학교 학생들이 제작한  조명기구디자인을 사례로 살펴보기로 하자.

1) Again 2002

· 우유팩, 은색 라커, 빨강색 운동화 끈

· 2002년 한일월드컵의 영광을 독일 월드컵에서 다시 재현하기를 기원하며 축구공 형태를 응용한 디자인

· 뚫린 구멍을 통해 오묘한 빛이 퍼져오고 기구를 움직임에 따라 색다른 연출효과가 나타나 신비로운 느낌을 준다.

2) 空前絶後

· 빨대, 메니큐어, 와이어, 비즈

· 요가나 명상을 즐기는 가족들에게 편안하고 아늑한 분위기를 연출

3) 웹서핑

· 크릴 박스, 쓰레기봉투

· 웹 서핑에 적합한 부드러운 빛의 펜던트 조명

4) 한글

· 하드보드지, 모형재료
· 퍼즐과 낱말 맞추기가 한글과 조화를 이룸
· 한옥의 창문과 같은 틀 조명

5) 비타민

· 찜통, 시계장치, 트리전구
· 찜통을 이용한 시계 조명

6) 요가

· 커피컵 뚜껑, 코팅지, 컬러철사, 꼬마 전구
· 요가를 위한 신비로우면서 은은한 빛을 연출하는 조명

7) 하나 되는 여유

· 옷핀, 철사, 전선, 전구, 코펠
· 하나하나의 유닛이 모여서 큰 형태가 된다.

8) 추억상자

· 하드보드지, 필름
· 친구들의 사진 필름을 이용하여 추억을 자아내는 조명

9) 반딧불의 묘

· 캔 병뚜껑, 선풍기 덮개, 낚시줄, 스테플러용 철침, 한지

· 바다 속에서는 인간의 적이 되고 바다 밖에서는 인간에게 유익한 먹거리가 되는 해파리의 형태를 이용한 조명

10) Sunshine

· 비즈, 필름지, 바구니, 낚시줄

· 조명의 인위성을 배제하고 자연스러운 느낌을 강조한 펜던트 조명

11) 오로라

· 철사, 호일

· 북극하늘에서 빛나는 오로라의 신비로운 이미지를 형상화한 조명

12) Colorful House

· 하드보드지, 트레팔지, 셀로판지, 나무 젓가락집 모양으로 꾸민 청사초롱 스탠드

13) 나비

· 하드보드지

· 한지나비의 형상을 이용하여 은은한 색감으로 정서적 안정감과 오리엔탈풍을 표현

14) Nature Green

· 하드보드지, 한지

· 나뭇잎 한지의 은은한 분위기를 이용하여 동양의 멋을 강조

15) 다마

· 철사, 십자수실

· 신앙, 불멸, 희망, 성결, 생명, 영원한 젊음을 연출

16) 냉정과 열정 사이

· 아크릴판, 한지

· 푸른색의 냉정, 붉은색의 열정을 표현, 아크릴판과 한지로 동양과 서양의 공존을 표현

17) 나무한지 스탠드

· 나뭇가지, 한지, 와이어

· 자연소재를 사용하여 전통가옥 창호의 멋을 살린 조명

18) **무지개 조명**

· 아크릴판, 와이어, 낚시줄
· 침실의 로맨틱 분위기를 무지개 빛으로 연출한 조명

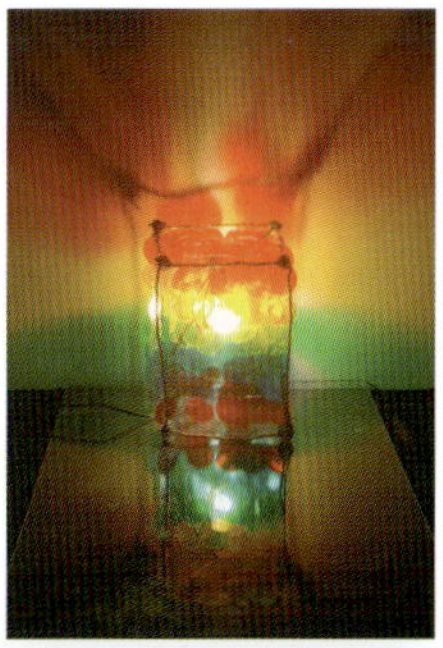

19) Title / Sunflower

· 컬러 철사, 스펀지, 바구니
· 해바라기에서 영감을 얻어 컬러풀하고 아기자기한 스탠드 겸용 소품조명

20) **한국 속의 세계**

· 앤틱 철사, 컬러 철사, 한지
· 문살을 통해 새어나오는 호롱불의 따뜻함 속에서 이국의 정취를 느끼게 하는 조명

21) **나비**

· 베트남 종이, 나비 문양
· 신비한 나비의 날개짓 사이로 비치는 햇빛의 화려함을 표현함

22) **동백의 미**

· 아크릴판, 한지, 조화
· 한국적인 느낌을 최대한 살리고 동백꽃의 자태와 빛깔로 여인들의 삶의 한 부분을 표현함

23) 어린이를 위한 조명

· 계란판, 하드보드, 한지, 꼬마전구 아이들이 좋아하는 별모양의 스탠드와 브래킷 겸용 조명

24) E-단아한C

· 와이어, 깃털, 흰 천

· 예로부터 고고하고 청렴결백하고 장수의 의미로 알려진 학을 소재로, 깃털을 이용해서 빛이 은은하게 새어나도록 표현함

25) 병사의 만남

· 빈유리병, 십자수실

· 버려지는 것들을 재구성하였으며, 재료인 유리와 색실, 꼬마전구의 특성을 충분히 활용하여 은은하고 밝은 분위기를 강조함

26) 큐브(Cube)

· 비즈, 철사, 낚시줄, 꼬마전구

· 크기가 다른 큐브에 비즈와 꼬마전구를 연결한 조명

27) 낭요 등(燈)

· 한지, 하드보드지, 색지, 아크릴판

· 전통적인 특성을 잘 표현하기 위해 고유의 문양인 용, 봉황, 학을 소재로 3가지 무늬를 빛이 통과하여 자연스럽고 은은하게 보이게 함

28) 도화(桃花)

· 한지, DVC 필름, 낚시줄

· 복숭아꽃에서 모티브를 얻어 고풍스런 느낌을 표현한 펜던트 조명

29) Impossible is nothing(알을 깨고 나온 의자)

· 나무젓가락, 한지, 낚싯줄, 계란껍질

· 의자를 단순히 일상생활에서 앉는 도구라는 인식에서 벗어나 재활용품인 계란껍질을 사용하여 생각의 전환을 가져봄

30) 20

· 철사

· 20대의 무한한 에너지가 전구의 빛에 의해 더욱 빛을 발하고 가능성을 향해 힘찬 도약을 꿈꾼다. 철사의 뾰족함은 솟는 에너지, 안으로 들어가는 것은 실패로 인한 재성장을 의미

31) Delight

· 종이컵, 한지

· 화려하면서 신나고 밝은 분위기를 연출하여 삶의 여유로움을 표현한 원모양의 펜던트로 조명과 색채의 효과를 한껏 발휘한 작품

32) 공간을 빛으로 조각하다

· 열간압연강판, 고조도 형광등

· 공간 자체에 대한 진실된 접근과 빛의 해석에 따라 다양하게 연출되는 형상을 느껴본다.

33) Shine We Are

· 스타킹, 옷걸이 철사

· 연꽃의 형상에서 모티브를 얻어 추상적으로 표현한 조명

34) flutter. love. miss. freedom

· 색 필름지, 골드공예철사, 망사철사

· 현대사회의 메마른 감정 속에 따뜻한 온기와 활기를 불어넣는 나비형상의 펜던트 조명

## 참고문헌


· Deyan Sudjic, 조명연출의 이해, 도서출판국제, 1991.
· 김경인, 김창순, 색채과학개론, 대광서림, 1999.
· 김정태, 정유근, 건축조명디자인, 경희대학교 출판국, 2005.
· 김중근, 실내 디자인 총론, 기문당, 1994.
· 김학성, 디자인을 위한 색채, 조형사, 1995.
· 김현영 외, Color Color Color, 예경, 2003.
· 김홍범, 박물관 전시조명, 현대건축사, 2004.
· 니카지마 다쯔오키, 치카다 레이코, 매데 카오루, 박필제, 조명 디자인 입문, 예경, 1995.
· 문은배, 색채의 이해, 도서출판 국제, 2002.
· 문은배, 색채의 이해와 활용, 안그라픽스, 2005.
· 미야고 히로, 와타나베 야스토, 건축과 색채, 李鏶, 2001.
· 박영순, 이현주, 색채와 디자인, 교문사, 1998.
· 박영순, 이현주, 이명은, Color Design Project 14, 교문사, 2007.
· 박옥련, 김은정, Color 色, 형설출판사, 2007.
· 박은주, 색채조형의 기초, 미진사, 1991.
· 박정수 외 3인, 건축조명계획론, 광문각, 2001.
· 박필제, 김정희, 인테리어 디자인: 조명 · 가구 · 마감재, 형설출판사, 2002.
· 박필제, 조명과 실내장식, 조형사, 1992.
· 송창영, 실내건축 산업기사, 예문사, 2003.
· 안옥희 외 4인, 생활색채 디자인, 형설출판사, 1997.
· 안옥희, 배정인, 김현지, 상업공간 인테리어 디자인, 신정, 2005.
· 윤혜림, 조명 디자인 실무, 성안당, 2002.
· 윤혜림, COLORIST, 도서출판국제, 2004.
· 이미혜, 실내디자인, 기문당, 2006.
· 이영재, 실내건축과 색채, 기문당, 1999.
· 이정일, 김현성, 색채학, 일진사, 2004.
· 일본 인테리어산업협회, 고령자를 위한 조명과 색채, 도서출판 국제, 2001.
· 일본건축학회, 빛과 색의 환경 디자인, 성안당, 2005.
· 조성오, 손장복, 조명 디자인 이야기, 동서문화원, 2004.
· 조현주, 이광훈, 정혜민, 쉽게 이해하는 색채학, 시그마프레스, 2006.
· 최경호, 김충년, 김경식, 조명의 이해와 설계, 태영문화사, 2005.
· 최산호 외 3명, 실내 건축 조명, 기문당, 2005.
· 한국실내디자인학회, 실내 건축을 위한 색채디자인, 기문당, 2002.
· 한국실내디자인학회편, 실내 디자인 총설 02. 색채학, 기문당, 2007.
· 한국조명전기설비학회, 조명디자이너 자격인증 교재, 1999.
· 한국표준협회, KS핸드북 조명1, 2000.
· 황세옥, 조명 디자인, 미진사, 2002.

· 김현지, 판매시설 디자인의 조명계획에 관한 연구, 영남대학교 박사학위논문, 2000.
· 신봉현, 공간의 의미와 효과표현을 위한 조명효과에 관한 연구, 홍대 석사학위논문, 2005.
· 안옥희, 박진호, 한미 대학생의 색지각에 대한 비교연구, 한국 조명전기설비학회 논문지, 17(1), 10~16, 2003.
· 이정옥, 진현선, 대학생의 색기호와 색명 인지도에 관한 기초적 연구, 한국 조명전기설비학회 논문지, 11(3), 63~70, 1997.

· 현대주택 2005년 7월호, 주식회사 월간 현대주택
· intorior ZIP-Museum, 가인디자인 그룹
· intorior ZIP-office, 가인디자인 그룹

· http://www.iworldone.co.kr
· http://www.yokogawakorea.co.kr
· http://blog.daum.net/ajgpnkukrz/4866194
· http://cafe.naver.com/berebrry/8
· http://user.chollian.net/~kdhgadin/2-27.htm

참고문헌

# 색채와 조명디자인

2008년 3월 3일 1판 1쇄 인쇄
2008년 3월 7일 1판 1쇄 발행

저　자　안 옥 희 김 현 지
발 행 인　강 해 작
발 행 처　기 문 당
주　소　서울시 성동구 공명길 39 (하왕십리동 966-22)
전　화　02) 2295-6171(代)~5
팩　스　02) 2296-8188
출판등록　1976. 10. 7(1-44)
홈페이지　http://기문당
www.kimoondang.com

I S B N　978-89-6225-015-2　93540

정　가　20,000원

검인생략